露天矿地质环境解译标志体系和信息提取方法的研究及示范应用

王西平　陈　涛　张凯翔　甄习春　莫德国　商真平 等　编著

黄河水利出版社

·郑州·

内 容 提 要

本书以河南省作为主要研究区域,基于矿山地质环境和遥感技术的相关方法理论,建立河南省露天矿地质环境遥感解译标志体系,提出露天矿地质环境遥感解译一般工作方法和解译标志体系评价方法,并讨论了多源数据协同信息提取方法在露天矿地质环境信息提取中的应用效果。本书可以使读者了解露天矿解译的一般性概念,同时也可以使读者基本掌握露天矿地质环境遥感解译的通用流程与方法。

本书可作为从事矿山地质环境监测研究、教学、科研工作者的参考书。

图书在版编目(CIP)数据

露天矿地质环境解译标志体系和信息提取方法的研究及示范应用/王西平等编著. —郑州:黄河水利出版社, 2020.9

ISBN 978 - 7 - 5509 - 2828 - 2

Ⅰ.①露… Ⅱ.①王… Ⅲ.①露天矿 - 成矿环境 - 环境遥感 - 研究 - 河南 Ⅳ.①TD804

中国版本图书馆 CIP 数据核字(2020)第 186583 号

出 版 社:黄河水利出版社
地址:河南省郑州市顺河路黄委会综合楼 14 层 邮政编码:450003
发行单位:黄河水利出版社
发行部电话:0371 - 66026940、66020550、66028024、66022620(传真)
E-mail:hhslcbs@ 126. com
承印单位:河南匠心印刷有限公司
开本:787 mm×1 092 mm 1/16
印张:9.25
字数:214 千字 印数:1—1 000
版次:2020 年 9 月第 1 版 印次:2020 年 9 月第 1 次印刷
定价:68.00 元

前　言

矿产资源是我国国民经济、社会发展及人民生活的重要物质基础,但随着当今社会的快速发展,各生产建设领域对矿产资源的使用和依赖日益增加,从而导致其处于严重的过度开发状态。伴随着矿产资源的过度开采,愈来愈多的环境、经济问题频发,如因过度开采而引发的崩塌、泥石流及土地资源破坏等。因此,建立健全我国矿山地质环境监测体系及矿山地质环境评价方法尤为重要。

为减少过度开采对矿区地质环境造成的破坏并合理开发利用矿产资源,需清晰地认知矿山地质环境现存问题并建立健全露天矿环境解译标志体系。而监测每年度矿山类别信息与位置信息作为后续各项工作的基础,其重要性不言而喻。通过对监测成果进行逐年对比,可掌握矿山地质环境动态变化,为保护矿山地质环境、实施矿山地质环境监督管理提供基础资料和依据。

基于上述内容,本书以河南省作为主要研究区域,以露天矿地质环境遥感方法为主要研究内容,基于矿山地质环境和遥感技术的相关理论和研究方法,建立河南省露天矿地质环境遥感解译标志体系,提出露天矿地质环境遥感解译一般工作方法和解译标志体系评价方法;同时,本书研究以高分二号遥感影像为基础数据,对比以面向对象的高分辨率遥感影像信息提取技术为基础的多源数据协同信息提取方法在露天矿地质环境解译中的应用效果,分析讨论机器学习算法如支持向量机、集成学习与深度学习算法等应用效果的优劣。本书是作者近年来在露天矿信息提取方面研究成果的一个阶段性总结,同时也是作者对露天矿信息提取研究的一个初步诠释。

依据研究内容,本书的主要内容如下:第1章主要阐述本书的研究背景及意义,总结矿山地质环境遥感调查方法和面向对象的遥感影像信息提取方法的国内外研究现状及存在的主要问题,概括研究目标、主要研究内容和研究思路与方法。第2章主要介绍本书的豫中非金属矿区和豫西金属矿区的交通位置、气象水文、地形地貌、地质条件和矿产资源概况及本书研究所采用的数据源及数据的预处理情况。第3章主要从矿山地质环境的相关概念、研究内容和分类开始,逐步总结归纳出露天矿地质环境遥感调查的内容、主要研究对象和分类依据。最后介绍了露天矿地质环境遥感研究的几种主要研究方法,包括人机交互目视解译、遥感影像信息自动提取、面向对象的信息提取方法和多源数据协同的目标提取方法。第4章从露天矿地质环境野外识别标志和遥感解译标志两个方面,详细介绍了不同的矿种、不同的采矿方式所产生的各种露天矿地质环境问题的野外识别依据和遥感解译标志,重点归纳总结了露天矿地质环境解译标志体系的工作对象、研究范围、研究内容和主要工作方法。第5章基于河南省的三个重点矿区,介绍了支持向量机方法、基于 ESP/ED2 最优分割参数选择法、面向对象的卷积神经网络模型、利用迁移学习方式的基于 CNN - F 和 resnet50 的卷积神经网络模型等方法进行露天矿区环境信息提取的步骤及结果。

　　本书研究依托河南省国土资源厅项目"河南省矿山地质环境遥感动态监测"。在本书完稿之际,作者衷心感谢该项目参与人员及对本书完成始终不渝关心与鼎力支持的人。他们是甄娜、祁和伟、石璐、马泽宇、张刚、孙亚鹏、郭玉娟、常珂、周瑞平、赵凌冉、孙平、王莺、张艳科、赵洋、朱丽、钟子颖、李树林、张阳辉、朱冬雨、吴曼、田力、李宇航、席茜、胡乃勋、郑晓雄、路志远、蔡浩杰、万璐璐、谢昊、韩斐、杜泽正。本书汇集了项目组的部分研究成果。其中,第1章由王西平、陈涛、甄习春执笔;第2章由王西平、甄习春、莫德国执笔;第3章由王西平、张凯翔、商真平执笔,陈涛、刘宇航整理;第4章由王西平、张凯翔、陈涛执笔,王西平、刘宇航整理;第5章由胡乃勋、张阳辉、程国轩执笔,陈涛、刘桐整理。全书统稿工作由王西平、陈涛主持完成,刘桐、王青叶、刘宇航等协助排版和校对。

　　由于作者还缺乏足够的经验,书中难免有疏漏和不足之处,敬请广大读者、同行专家批评指正。

作　者

2020 年 7 月

目　录

第1章 绪 论

1.1 目的与意义

  矿产资源是支撑国家发展的重要物质基础。据统计,自中华人民共和国成立以来到21世纪前叶,矿产资源开发累计为国家基础建设提供了95%左右的能源,80%的工业原材料,70%的农业生产资料。截至2016年,中国矿产资源勘查总量和矿产资源开发总规模位居全球前列,主要的能源矿产、有色金属及原油产量都分别位居世界第1~第5位。

  矿产资源的开发为人类的生存和发展源源不断地提供物质和能量的同时,矿山的地质环境也遭受着巨大的改变和破坏。如何处理矿产资源开发带来的各种地质环境问题是世界范围内普遍存在的难题。对于世界各国,为了支撑国家建设而扩大矿产资源开发范围和开发程度,都不可避免地改变和破坏矿山地质环境。作为一个人口众多的发展中国家,在承受着矿产资源所提供的源源不断的物质和能量的同时,我国也应重视对作为持续发展的基础——地质环境的保护。为了减少采矿对矿区地质环境造成的破坏,保护人民生命财产安全,合理开发利用矿产资源,调整经济社会与资源环境的关系,需要积极开展矿山地质环境动态监测、矿山地质环境承载力评价等领域的研究。通过总结更合理、应用范围更广的矿山地质环境调查方法,建立矿山地质环境监测体系和矿山地质环境评价方法来衡量矿业经济发展与矿区环境保护之间的关系,缓解国家建设的快速发展对矿产资源的需求扩展。

  在早期的矿山地质环境监测中,主要的方法是野外现场调查,使用大量的人力对目标区域内的矿山活动进行核查、监督。这种方法不仅费时费力,效率低下,而且存在较大的不确定性,容易存在遗漏的矿山活动,无法准确地为矿山地质环境的监控和管理提供依据。为应对这一问题,遥感技术开始走进业界人士的视野中。遥感技术于20世纪中叶被提出,随后几十年持续快速发展,成为覆盖多领域的常见技术手段和基础科学学科。之后计算机技术快速发展,各种机器学习算法相继提出,在遥感图像处理领域为矿山地质环境监测提供了新的方向。

  为了达到矿山地质环境调查的目标,按照《矿山地质环境调查评价规范》(DD 2014—05)规定,通过数据采集、遥感解译、实地调查、样品采集与测试、地球物理勘探、地槽勘探和浅井等方法手段,查明矿山地质环境问题的类型、分布和危害状况。在此基础上,采用矿山自主监测和高分辨率遥感卫星解译,快速获取最新矿山地质环境现状信息,评估矿山地质环境现状,并通过比较研究多次调查结果来捕捉矿山地质环境的动态变化,为有关职能部门制定矿山地质环境保护政策、依法管理矿区生产活动、开展矿山综合整治、恢复重建矿山地质环境、评估恢复治理工程成效,促进矿区经济社会转型发展等提供基础数据和理论依据。

根据 2016 年中国矿产资源报告(见图 1-1),"十二五"期间,矿产地质勘查取得了重大进展,和"十一五"期间相比,能源型矿产探明储量增幅保持在 10%以上,其中经证实的石油地质储量增加了 61.3 亿 t,剩余技术可采储量达到 35 亿 t,同比增长 10.4%,新增煤炭探明地质储量 1.57 万亿 t,同比增长 16.8%,天然气新增探明地质储量同比增长幅度达到 37.4%,达到 5.2 亿 m³。另外,页岩气作为"十二五"期间新建立的矿产品种,拥有高达 5 441 亿 m³ 的探明地质储量。同时,金属矿产和非金属矿产探明储量增长幅度保持在 16%以上,其中铁矿剩余技术可采储量 850.8 亿 t,同比增长 17.0%,铜矿剩余技术可采储量 9 910 万 t,同比增长 23.3%,钨矿剩余技术可采储量 958.8 万 t,同比增长 62.2%,金矿可采储量 1.16 万 t,同比增长幅度最大,达到 68.4%;而非金属和其他矿产中,以钾盐为例,剩余技术可采储量 10.8 亿 t,同比增长 16.1%。"十二五"期间,国家总计投入矿产资源地质勘查资金 5 681.8 亿元,主要矿产中 41 种查明资源储量增长,5 种减少,页岩气作为新设立的矿种,探明地质储量快速增长。

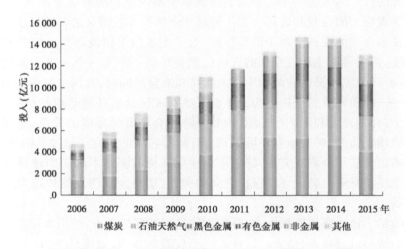

图 1-1 我国采矿业主要成分构成变化(据 2016 中国矿产资源报告)

在矿产资源的长期发展中,我国一直处于高污染、高消耗的粗放型开采方式下。由于缺乏相关矿山环境保护和治理的法律法规,我国矿山地质环境整体处于不断恶化的状态,国家整体基础建设和长期稳定发展都受到了影响。同时,部分矿区采用的地下开采模式中不断疏干抽排地下水,会造成该地区地下水位下降,破坏矿区水资源平衡,对矿区周边民众正常的生产生活造成威胁。如图 1-2 所示为典型矿山地质环境问题。

另外,矿山废水、废气、废渣的不合理排放同样造成了大面积的矿区污染[见图 1-3(a)]。各种矿产资源开采与加工过程中产生的废水、废弃物含有大量重金属及有毒有害物质(如铅、砷、镉、氰化物等),如果在排放的过程中不按照相关国家标准进行严格处理,会对土壤成分和矿区周围整体水环境造成污染。

矿区地质环境监测是地质环境问题修复和治理的最基本支撑力量。针对我国在矿山地质环境监测中面临的诸多问题,提高长期环境监测成效,控制环境监测成本,中华人民共和国环境保护部于 2009 年提出了《先进的环境监测预警体系建设纲要(2010—2020

(a) 排土场   (b) 露天采场

(c) 废石渣堆   (d) 煤矸石

图 1-2　典型矿山地质环境问题

年)》,纲要明确提出结合遥感观测技术的发展,构建"天地一体的环境监测系统,和谐统一的环境监测格局"的建设任务。

为了改变长期以来我国遥感技术产业化应用发展受制于各种国外遥感卫星影像数据的情况,我国于"十二五"期间开始大力发展拥有自主产权,并能够应用于各种行业领域的遥感卫星。截至 2016 年年底,我国已拥有高分辨率遥感卫星高分一号(全色影像分辨率为 2 m,多光谱分辨率为 10 m)和高分二号(全色影像分辨率为 0.8 m,多光谱分辨率为 2 m),C 频段多极化合成孔径雷达成像卫星高分三号,地球同步轨道卫星高分四号等。再加上未来即将投入的其他高分系列卫星,和已经投入使用的资源系列卫星,我国航空遥感对地观测技术体系已经进入了快速发展的阶段。

然而,现有结合国产高分辨率遥感卫星影像进行矿山地质环境,特别是露天矿地质环境遥感调查和评价等领域的研究还存在一些需要深入探索和解决的难题:

(1)作为矿山地质环境遥感监测的重要组成部分,需要进行露天矿地质环境遥感解译,然而国内外至今尚无一套比较完善且较为成熟的解译标志体系和验证工作方法。

(2)目前关于利用高分辨率遥感卫星影像的信息提取方法的研究受到国内外专家、学者的关注,除了传统的机器学习算法,大量新机器学习的智能算法(如集成学习、深度

(a) 废水污染　　　　　　　　　　　(b) 废气污染

(c) 土地压占　　　　　　　　　　　(d) 植被破坏

图 1-3　矿山开采导致的大气和水环境污染

学习等)被引入其中,然而如何在露天矿地质环境遥感解译中合理应用这些新方法,结合国产高分辨率遥感卫星影像,建立人机交互的露天矿地质环境要素信息提取方法仍需要大量的研究工作。

(3)大规模的露天矿矿业活动导致了严重的地质环境问题,需要建立快速、有效、低成本的矿山地质环境评价方法,为矿山环境的恢复治理提供客观、真实的基础资料。

鉴于现有关于露天矿地质环境解译标志体系和评价方法的研究工作存在以上问题,本书结合 2016～2017 年度河南省矿山地质环境遥感动态监测工作,综合应用地质学、测绘学、矿物学、机器学习、统计分析等多个学科领域的有关理论、技术和方法,研究基于国产高分辨率遥感卫星影像的露天矿地质环境解译标志体系和评价方法。研究区涵盖了典型的金属和非金属矿山、各种主要的矿山开采方式(露天开采、地下开采等)、几乎全部矿山地质环境问题,因此具有较好的研究价值。

1.2 国内外研究现状

1.2.1 矿山地质环境遥感调查方法的国内外研究现状

20世纪中叶,基于当时快速发展的航空摄影技术,发展出了一门新兴技术,即不直接接触物体,而通过传感器探测和接收来自目标的各种物理信息,经过一系列信息传送、加工处理及分析解释,来从远处探测、感知物体或事物,美国科学家艾弗林、普路易特最早将此项技术命名为"遥感"。早期遥感技术以航空遥感为主,伴随着航空摄影技术的发展,遥感技术逐步展现出了其在对地观测领域的优势,成为一门具备实用性和先进性的空间探测技术。

早期国外矿区地质环境遥感调查和监测范围主要集中在煤矿开发及次生灾害、事故隐患等方面。由于地下煤火、煤矸石自燃、井道爆炸等事故所引发的剧烈温度变化,在航空热红外影像数据上的反映十分明显,美国国土部门在1969年开始开展大范围的煤矸石堆动态监测研究和分析,以此预防煤矸石堆自燃事故,同时研究分析结果还为整治煤矿开采区内产生的各种地质环境问题提供了有效对策。之后美国开始将以Landsat卫星数据为代表的遥感影像应用于矿区信息提取中,在20世纪90年代,由多分辨率土地特征协会基于Landsat遥感影像完成了包括矿区开发用地信息在内的美国国家土地覆被数据库(National Land Cover Database,简称NLCD),结果显示数据库中矿区开发占地的分类精度低于60%,而漏分率为48%。同时,受限于当时遥感影像的空间分辨率和光谱分辨率,矿区周围存在的草地、土地等地物很难区分。例如,Irons等使用Landsat遥感影像对宾夕法尼亚州的一个露天采场和其周围的草木与农田、水和森林区进行区分,但总制图精度仅为62.3%。此后,利用美国发射的Landsat系列陆地资源卫星数据和SPOT高分辨率卫星影像,各国学者开始采用综合多源遥感信息的手段对煤矿露天开采所引发的环境变化进行研究。例如在1989年,Guebert等同样对宾夕法尼亚州的煤矿区进行信息提取,使用SPOT遥感影像对矿区内部的土地覆盖物进行分类,总精度有所提高,达到70%。但是试验结果中仍不能很好地将矿区地表元素从众多土地类型中区分出来。波兰学者Mularz于1996年针对华沙西南区域煤矿露天开采所造成的环境变化,融合了多时相多源遥感影像来监测采矿区域地表地形地理变化。同年,高光谱遥感数据、InSAR数据和GNSS测绘方法都开始被应用于采矿区地表形变相关问题中,如德国的科研工作者便综合利用三种遥感技术,初步研究了地下煤矿开采区域地面塌陷情况,定位了地质环境问题发生的位置并测算了地表沉降速率。1998年,Schmidt等使用1989年至1994年获得的Landsat – TM数据,结合最大似然分类方法对德国东部露天煤矿开采区内的不同地物进行定性分析。

伴随着Landsat系列卫星的发展,矿山地质环境遥感调查和监测技术也经历了一个漫长的发展阶段。以煤矿开采调查和地下煤火监测为主要研究方向,国外研究学者充分利用了Landsat系列卫星包含的丰富的多光谱电磁波信息、高质量的成像效果和稳定的重访周期等特点,通过叠加其他地理地质数据,综合对煤矿开采区域浅层和地表煤火进行动态监测,为灭火措施和环境管理计划提供决策依据。

进入 21 世纪之后,随着高空间、光谱、时间分辨率遥感的推广,利用遥感技术对矿山开发占地的调查有了更深入的研究。例如,在高光谱遥感应用方面,2003 年,Mars 等使用高光谱遥感影像 AVIRIS 影像,结合数字高程模型(Digital Elevation Model,简称 DEM)进行矿山废物污染的评估研究。而在高分辨率遥感方面,21 世纪前 10 年,大量米级－亚米级的高分辨率商业遥感卫星投入使用。这些高分辨率遥感卫星数据在拥有米级－亚米级的全色波段的同时,保留了近红外波段以内的多光谱波段,丰富了影像的光谱信息,为对于小范围地质环境问题的细节信息提取和矿山地质环境遥感调查和监测技术的发展提供了有力的数据支持。例如,2004 年王晓红对江西省崇义县钨矿的矿山建筑、固体废弃物、开采硐口及煤矿 4 种矿山地物进行了目视解译和计算机自动解译,对 Quickbird 和 SPOT－5 数据对矿区的地物识别能力做了比较。2008 年,Pagot 等使用高分辨率遥感影像 IKONOS 影像来评估非洲钻石矿开采场的活动状态,并结合现场数据做出评价,结果证实了高分辨率遥感影像在手工和工业钻石开采中的有用性。Li 于 2009 年试验了综合使用 HIS 变换、主成分变换、小波融合等多种数据融合方法,展开了矿区生态环境要素信息提取研究,结果显示高分辨率融合影像对于植被、沉降区域、垃圾场和发电厂等易识别的特征地物具有更高的提取精度。2011 年,Demirel 等使用多时相的遥感影像来识别露天矿区的土地利用变化情况。之后,沙特阿拉伯学者 Hesham Harbi 和 Ahmed Madani 于 2014 年利用 Spot－5 数据来区分并生成 1∶10 000 地质图来描绘沙特阿拉伯的 Bulghah 金矿区周围矿化闪长岩－石英闪长岩侵入体信息,绘制了 Bulghah 金矿区 1∶10 000 地质图。此外,针对矿产资源开发主要污染源之一的尾矿渣堆和尾矿库,Nouha Mezned 等学者于 2014 年选择突尼斯北部地区作为研究区,融合使用了 Spot－5 全色波段和 Landsat ETM＋多光谱数据,增强显示矿区尾矿渣堆及尾矿库分布,表明这种方法能够应用于尾矿渣和尾矿库的长期多时相监测研究中。

和国外的研究工作相仿,国内早期矿山地质环境监测研究工作同样是经历了航空热红外影像数据—中低分辨率遥感影像混合监测—高分辨率遥感影像应用重点监测这三个阶段。1981～1986 年,管海晏等研究人员先后在太原西山煤田、大兴安岭西坡中段、陕北煤田以及开滦煤矿、焦作煤矿开展了遥感图像信息与煤层、煤系内在联系的相关研究、试验,为煤田预测、普查找煤、煤田地质调查、煤矿地质灾害探测等工作提供了有力指导。康高峰等研究人员通过在陕北神木侏罗纪煤田开展的调查、试验和研究,总结提出了一种划分煤层地下自燃造成的死火区与活火区的方法。

中低分辨率的遥感卫星拥有丰富的光谱信息,波段覆盖范围从蓝绿波段到短波红外波段,通过综合比对不同地物类别所具有的独特光谱信息,能够客观地反映矿产资源开发地区各种地质环境要素信息。2002 年,雷利卿和岳燕珍等研究人员尝试将遥感技术应用于矿区环境污染监测中,通过对山东肥城矿区受污染植被和水体信息的提取,提出了适合于矿区环境研究的遥感图像处理方法。陈华丽等研究人员于 2004 年选择使用多期 Landsat TM 数据,采用基于最大似然算法的监督分类方法,对矿区不同时相分类结果图中的各种地物类别进行分类对比,定量分析大冶铁矿矿区地质环境动态变化。2007 年,漆小英采用土壤调节大气耐抗植被指数差值(SARVI)方法及最大似然监督分类对 2 期攀枝花铁矿区 TM 影像进行变化信息提取,并将结果与 2005 年专家解译分类结果进行比较,精度达到95.3%。2010年,随着遥感技术的快速发展和广泛应用,董杰、顾斌等研究人员结合矿山信息化的需求,将遥感技术应用于"数字矿山"建设,尝试开展基于遥感观测技术的矿产资源勘探、矿区地面塌陷监测分析、矿区环境监测方面的应用。

为了在遥感调查和动态监测的同时,更有序地管理和合理利用各种矿山数据,同时便于大范围的矿产资源动态监测工作的开展,以及提供直观方便使用的数字化成果,我国研究人员开始尝试在遥感观测技术的基础上投入使用GIS空间分析手段。例如,刘琼、聂洪峰等学者于2005年选择山西省晋城市和江西省赣州市崇义县矿区为试点,试验于GIS在矿产资源开发状况遥感动态监测中的应用,取得较好的结果。除此之外,为了丰富完善矿山地质环境遥感动态监测相关研究,陈龙乾等研究人员基于Landsat TM影像,采用遥感影像分析技术,选择徐州矿区作为研究区,重点针对土地利用变化和塌陷地恢复治理工程开展了多项研究。而杜培军等研究人员为了研究矿产资源开采原动力影响下的地表空间和属性变化,对Landsat TM影像进行一系列统计分析工作,建立矿产开发区域陆面演变方法体系,设计并分析变化检测算法的可靠性和适用性。

受到高分辨率商业遥感卫星数据获取难度和购买价格的影响,我国矿山地质环境遥感调查和动态监测的诸多研究方向中关于应用高分辨率遥感影像方面的探索落后于国外。但是经过我国学者长期不懈的辛勤研究,在中低分辨率遥感影像的研究成果基础上,我国矿山地质环境高分辨率遥感调查和动态监测等领域的研究得到进一步深化、细化,并取得了不俗的研究成果。为了加强矿产资源监督管理,我国国土资源部于"十一五"期间将矿产资源开发多目标遥感调查与监测确立为国土资源大调查重点任务之一。此项工作于2006年启动,围绕部署公告的163个重点矿区和部分热点地区,利用遥感数据开展矿产资源开发秩序、矿山地质环境和矿产资源规划执行情况等三个方向的多目标遥感调查与监测工作。该项目结合已有的相关技术标准,采用了多种数据源、多种分辨率的遥感卫星影像,为规范矿业开发秩序、制定矿产资源规划及加强矿山地质灾害防灾减灾工作的开展提供了基础数据和科学依据。项目取得的一系列研究成果促使矿区地质环境高分辨率遥感调查和监测工作取得了重大进展。2004年,王晓红、聂洪峰等研究人员以江西省崇义县为研究区,系统比较了Quick Bird影像和Spot-5两种高分辨率遥感卫星影像在南方高植被覆盖山区矿山开发状况及它们在环境监测中的应用效果。2004年,汪劲、李成尊以山西晋城地区2002年、2003年的QuickBird卫星图像数据为基础数据,对研究区内各类矿点及固体废弃物堆积等进行了调查与对比分析。2005年,李成尊、聂洪峰应用QuickBird遥感数据,采用目视解译判别方法,对山西晋城煤矿开采引发的塌陷坑、地面沉陷、地裂缝等地质灾害进行了遥感影像特征调查和定量分析。2006年,卢中正在分析高分辨率遥感SPOT、QuickBird、IKONOS影像特征基础上,结合采矿权数据、规划数据,采用目视解译的方法提取了山西、河北两省各类矿山开采信息,结果发现,研究区内煤矿3处、石灰矿69处、234个铁矿均为无证开采。2006年,顾广明、王丽等利用SPOT、QuickBird、IKONOS影像为基础,结合GPS外业采集数据,在GIS平台上采用目视解译方法,客观地提取了研究区内各矿产资源规划落实情况信息,快速查明了矿区生态环境、灾害地质及环境治理情况。2007年,聂洪峰、杨金中等通过遥感技术在山西晋城、江西崇义等6个矿区进行矿山环境监测实践,统计了大规模矿产资源遥感监测面临的技术问题,提出了解决不同问题选取不同分辨率遥感影像的思路。2008 年,尚红英、陈建平等以新疆阿尔泰山稀有金属矿集区 ETM + 、SPOT、QuickBird、IKONOS 影像数据为基础数据,结合野外调查取样数据,在 MapGIS 软件下,采用人机交互解译方式,详细而准确地提取了研究区矿产资源开采类型、开采方式、开采状况(开采点的性质、位置、占地范围)以及生态环境变化等相关信息。王燕波、罗伟等研究人员依托于"多目标遥感调查与监测"项目,选择国土资源部整顿和规范矿产开发秩序的重点矿区——宜昌磷矿区为研究区,通过对高分辨率遥感影像进行数据处理、分析矿山开发的标志地物并建立解译标志、进行适当的野外调查验证、与历史参考调查数据对比等研究工作,掌握了宜昌磷矿区的矿产资源开发现状。2012年,周瑞选用山西省平朔露天煤矿区 CBERS - 02B 卫星融合影像,利用基于模糊分类原理的面向对象分类方法对露天采坑、煤堆、废石堆、矿山建筑、植被、道路进行了计算机自动信息提取,分类结果总精度及 Kappa 系数分别为 88.03% 和 0.88。2013 年,尹展利用面向对象分类方法对白银某煤矿区 IKONOS 影像进行选煤厂、煤矸石堆和矿山建筑以及道路、水体、裸地共 6 种地物类别信息提取。研究表明,面向对象分类法明显优于基于像元分类法。2014 年,王志华等基于 2001 年的 SPOT - 2、Landsat - 7ETM 数据和 2010 年ALOS 数据,采用了结合决策树算法、回溯方法的面向对象分类技术提取矿区地表覆盖及其变化信息,采用误差矩阵法验证 2010 年分类总体精度达 92.01% ,总体 Kappa 系数为0.897 8。2016 年,刘东丽、李赵等研究人员利用 World View3 影像成果对时点核准时变更的地物进行修改,保证了地理国情普查数据对于现实地物的精确保证,同时参照影像成果对前期地表覆盖与地理数据进行核查试验,更加精确地对各种地理国情进行定性和定位。

除此之外,我国研究人员针对 Spot - 5 高分辨率遥感影像在矿山遥感调查和监测中的应用研究方面积累了相当丰富的经验。例如,为了维护矿产资源管理秩序,快速监控矿山开采情况,况顺达和赵震海等研究人员在 2005 年利用 Spot - 5 影像对云贵高原矿区煤矿、建筑用砂石矿、铝土矿等展开了矿山监测研究,获得了显著效果。同年,于世勇、陈植华、郭金柱等研究人员以湖北省大冶铁矿矿区为例,运用 Spot - 5 全色波段影像和 LandsatETM + 多光谱影像,采用面向对象的影响分析和特征提取技术,提高了矿区地质环境要素分类结果;同时基于不同时相的分类结果,对比了 1986 ~ 2002 年,矿区各项地质环境要素变化情况。2006 年,李成尊、聂洪峰等应用 SPOT - 5 卫星图像,采用人机交互式解译分析方法,得到了塌陷区分布位置,获得沉陷区的有关数据。2008 年,黎来福、王秀丽等研究人员利用高分辨率的 Spot - 5 遥感卫星影像,通过已知矿区塌陷区资料,建立塌陷区地物解译标志,提取塌陷区范围信息,以此为鸡西矿区环境治理工作提供依据。同年,为了对唐山市周边地区矿山地质环境进行调查与监测,张明华、张建国等研究人员以 Spot - 5 卫星影像和航空图像为主要信息源,通过野外实地查证,探明了唐山市及周边地区矿山地质环境问题主要类型和分布情况。2009 年,杨强、张志在分析湖北保康磷矿区有关目标地物的 SPOT5 影像特征基础上,结合数字高程模型和含矿地层等相关辅助数据,提取了湖北保康磷矿区采面及固体废弃物信息,分类精度达 83.4% 。同年,彭瑛、张志等利用鄂西 2007 年 TM 、CBERS - 2、SPOT5、IKONOS 遥感影像,提取了鄂西矿产资源开发利用状况、规划执行情况、矿山环境以及环境破坏情况等信息。2010 年,以山东省重点地段矿区为研究区,吕庆元、刘振南等研究人员通过对多时相的 Landsat TM、Landsat ETM、Spot-5 和航空影像等多源数据的分析,提出了采空塌陷区、岩溶塌陷区、崩塌、滑坡、泥石流、废石渣堆、露天采场、破损山体等地质环境要素的遥感监测方法。2012 年,赵延华使用 Landsat ETM、Cybers-2、Spot-5、Geoeye-1、Ikonos 等多种不同分辨率的遥感卫星影像数据,建立各类要素解译标志,开展研究区开发占地、地质灾害和环境污染等情况的遥感调查与监测工作,最终在河北省总结建立了一条完整且切实可行的成矿带与矿集区矿山环境遥感调查与监测的技术路线。同年,张焜、马世斌等研究人员利用 2008~2010 年获取的 3 期 Spot-5 高分辨率遥感卫星影像解译资料获取了该地区矿山地质环境及矿产资源开发现状,并进一步对该研究区矿山遥感监测技术方法展开探讨。2015 年,王俊芳、曾新超等研究人员采用波段组合、图像融合等技术手段,开展了露天磁铁矿开采区和硐采煤矿开采区的地质灾害监测及环境污染监测工作。2016 年,白光宇、田磊等研究人员以吉林省辽源市煤炭矿山为研究对象,基于 Spot-5 影像开展矿区地质环境问题要素信息提取研究,总结出 Spot-5 卫星影像最佳波段组合、融合方法及地物解译标志,为矿山地质环境遥感调查做出了巨大贡献。

目前,我国自主研发的高分辨率遥感卫星包括两个系列:资源系列卫星和高分系列卫星。作为中国计划中对地观测的重要组成部分,高分辨率遥感卫星观测应用技术的发展能够为矿区地质环境监测体系的持续稳定运行提供可靠数据保障。2014 年,随着资源系列卫星的稳定在轨运行以及高分一号的发射升空,路云阁、刘采等研究人员以西藏自治区重点矿山为研究区,以资源一号 02C 及高分一号卫星影像为主要数据源,总结并实现国产卫星高分辨率遥感影像数据管理、数据预处理、统计分析、成图制作的一体化解决方案,为我国自主研发的高分辨率遥感卫星数据的推广应用做出了巨大贡献。2015 年,安志宏等利用资源一号 02C 卫星全色和多光谱数据,以河北承德多金属矿区和江西寻乌稀土矿区为试验区,使用人机交互解译的方法对矿区露天采坑、开采点、中转场和矿山建筑等矿山地物开展了 1:5 万矿山遥感监测应用研究。同年,刘鹏飞、帅爽等研究人员在鄂南、鄂东南矿集区矿山开发遥感调查与监测中综合使用了资源 3 号和 Spot-5 号高分辨率遥感卫星数据,佐证了我国自主研发的高分辨率遥感卫星所拥有的极强实用性。2016 年,汪洁、荆青青等研究人员以江西省丰城—抚州煤铁矿区为研究区,探讨了资源一号 02C 卫星影像数据在 1:5 万矿山开发遥感调查与监测工作中的应用,结果证明资源一号 02C 影像可以替代国外 Landsat TM 和 Spot 系列卫星影像应用于矿产资源开发多目标遥感调查与监测工作中。同年,熊前进、柴小婷等研究人员使用国产资源 3 号卫星高分辨率遥感影像,对比分析了几种不同融合方法下资源 3 号卫星影像融合结果,证明了资源 3 号卫星数据在 1:5 万矿产资源遥感调查与监测工作中的应用能力。贾利萍采用高分辨率 Ikonos、Quickbird、Geoeye-1、Worldview-2、高分一号、高分二号、无人机遥感影像数据,对开发状况和勘探状况等信息建立解译标志,通过采矿权、探矿权数据与遥感影像进行叠加,实现了对矿产资源开发利用状况、矿山环境的调查与监测工作。而魏江龙、周颖智等研究人员以会理多金属矿区为研究区,基于国产高分一号高分辨率遥感影像为数据源,探讨了高分一号数据在 1:5 万矿山开发遥感调查与监测工作中的应用可行性。为了保证矿山安全生产并消除矿山安全隐患,唐尧、王立娟等研究人员收集了 2013~2015 年的四期高分一号和高分二号卫星影像数据及地面调查数据,选择四川省攀枝花市露天钒钛磁铁矿区为研究区,实现了库区环境的动态变化监测。2017 年,薛庆、吴蔚等将高分一号数据成功应用于鞍本辽铁矿区矿山遥感监测信息提取中。吴亚楠等以 2015 年高分一号数据为主要信息源,建立稀土矿山主要地物解译标志,开展稀土矿山占地现状调查,运用光谱角填图方法提取两期数据的土地荒漠化区域,开展稀土矿山土地荒漠化动态监测示范研究。于博文、田淑芳等研究人员也在京津矿山遥感调查与监测工作中成功使用了高分一号数据,为国土资源部规划矿产资源开发、整顿开发秩序、恢复治理地质环境等工作提供技术支撑和决策依据。在此基础上,马秀强、彭令等研究人员也尝试将高分二号数据应用于湖北省大冶矿山地质环境调查中,他们定性分析矿区水体污染级别,综合分析矿区土地利用状况,并对重要矿集区的矿山开发状况和环境变化进行监测,为高分二号数据在矿山地质环境调查中的推广应用提供参考。同年,马国胤、谈树成等研究人员将国产高分辨率遥感影像(TH－1、ZY－102C、ZY－3、GF－1、GF－2、YG14、SJ9)和国外高分辨率遥感影像(P1、Spot－6)在矿山遥感调查和监测中的应用效果进行了总结对比,建立了一套相对系统、完善的矿山遥感监测解译标志,对各种数据源遥感影像的应用效果进行了总结评价。

然而,虽然已有许多学者对高分辨率遥感卫星影像应用于矿山地质环境监测和矿山地质环境要素信息提取中进行了研究,但还存在如下需要进一步研究的问题:

(1)矿山地质环境要素信息提取的内容和标识体系不明确。在过往的矿山地质环境遥感监测与环境效应研究中,通常会单独探索某一种矿种或者特定矿区的详细情况,但是并没有系统地就矿山地质环境问题的各个要素进行详细定义和系统分类,也没有针对每一种矿山地质环境要素的遥感解译标识体系进行划分和阐述。

(2)有效的多源数据综合利用不充分。由于在通常的矿山地质环境要素信息提取中,往往会主要使用遥感影像,忽略其他不同类别的多源数据的收集、处理和应用,不仅影响了信息提取的结果,也限制了信息提取的效率。

(3)缺乏对国产高分辨率遥感卫星影像数据的充分利用。经过我国自主研发,国产高分辨率一号卫星 2013 年入轨,国产高分辨率二号卫星 2014 年入轨。在此之前的矿山地质环境信息提取中大量使用的是国外高分辨率遥感卫星影像,比如 SPOT、IKONOS、Quick Bird 等,价格昂贵,获取渠道困难,不利于进行长期矿山地质环境遥感监测。我国自主研发的高分辨率遥感卫星入轨时间不长,关于将它们应用于矿山地质环境要素信息提取方面的研究不足,但由于其所具有获取成本低、重返周期短、分辨率高等优势,开展关于这方面的研究不仅能够拓宽矿山遥感地质环境监测应用的广度,还可以进一步深化、细化原有的研究工作。

1.2.2 面向对象的遥感影像信息提取方法的国内外研究现状

遥感图像特征受到遥感探测通道、地物光谱特征、大气传播特征及传感器的响应特征等因素控制,通过分析影像色调、颜色、形状、纹理、位置等图像特征,从而判读地表物体的属性及分布范围,实现遥感影像信息提取。目前,遥感信息提取方法主要分为基于像素与面向对象分类。

传统的基于像素的遥感影像分类方法主要依赖于遥感影像不同波段所携带的光谱信

息。但是,高分辨率遥感数据的波段比较少,光谱信息不够丰富,高分辨率遥感数据的纹理特征和几何特征相对于低分辨率遥感数据更加突出明显,这也导致了地面分类目标的空间破碎性更加明显,加上遥感影像的分辨率越高,在信息提取的时候对计算机的软硬件要求就会越高,所以高分辨率的影像采用面向像元的方式处理时耗费的时间多,效率低下。而中低分辨率遥感卫星影像虽然受到分辨率的限制,无法清晰反映地表物体的纹理、形状、大小等影像特征,但是它们拥有更宽的波段范围,携带更多的地物光谱信息,因此同样可以达到图像分类的目的。同时,遥感信息技术发展早期,由于高分辨率遥感卫星影像获取途径少,成本高等原因,利用中低分辨率遥感卫星影像来进行基于像素的遥感影像分类方法研究一直是遥感信息技术发展的主要方向之一。

经过长时间的研究探索,基于像素的遥感影像分类方法在实际应用中发展趋于成熟,最终被归纳为两大类:监督分类法和非监督分类法。监督分类是一种经过自顶向下知识驱动的统计判别分类,而非监督分类是一种自底向上的数据驱动方法——前者在已知类别的训练场地上提取各类训练样本,然后通过选择特征变量、选择判别函数或判别规则,最终把影像中每个像元划分到规定的类别中;后者则是在没有先验类别信息参与的条件下,通过对影像本身的统计特征及自然点群分布情况的分析判断来划分类别。这两种基本的遥感影像分类方法在矿山遥感调查和监测中的应用已久,例如漆小英、杨武年等研究人员在 2008 年以攀枝花钒钛磁铁矿为例,采用监督分类和指数差值模型相结合的方法进行矿区扩展信息提取;2015 年,杨惠晨借助多期 Landsat TM 影像,对比了监督分类和非监督分类在矿山开采区土地利用变化中的应用效果。进入高分辨率遥感影像时代之后,仍然有不少研究人员在继续进行监督分类和非监督分类在矿山遥感调查和监测中的应用方面的研究,例如陈兴杰在 2017 年使用国产 GF - 1 号数据,对比了最大似然法、最小距离法、支持向量机等几种监督分类方法在土地利用和覆盖方面的应用效果;代晶晶、王登红等研究人员在 2013 年使用 Ikonos 影像,运用 ISODATA 非监督算法对稀土矿开采周边河流污染程度进行评估。

在遥感影像分辨率不高的情况下,遥感影像分类会受到"同物异谱","同谱异物"等现象的干扰,而出现错分、漏分等现象,影响最终分类精度。近年来,为了控制分类误差,许多研究学者开始尝试引入新的统计模式识别分类模型,如神经网络模型、决策树模型、支持向量机模型;或者更为前沿的机器学习方法,如深度神经网络模型、集成学习模型等。例如,李世平、武文波等研究人员将人工神经网络应用于矿山地物分类中,并与传统方法进行了比较,证明了其广阔的应用前景;张正健、李爱农等研究人员采用 Landsat TM 影像,基于决策树算法对研究区土地覆盖格局变化进行分析也得到了很高的验证精度;程璐于 2017 年采用国产高分一号卫星影像作为试验数据,基于支持向量机算法对青海省木里煤田江仓矿区第五露天井田的土地覆盖信息的提取进行研究,通过对比实际结果,发现支持向量机提取结果明显优于最大似然法。

尽管目前关于遥感图像分类方法方面的研究百花齐放,但各种方法都存在一定的局限性。传统的遥感影像解译方法本质上还是从基于像素的角度来理解遥感影像的,这种方法只能反映单个像素的光谱特征,无法从整体上理解影像的特点,没有利用图像的单个对象特征及对象之间的联系,对于高分辨率遥感图像,传统的基于像素的方法会导致影像信息的大量冗余和资源的浪费,虽然近年来各种高分辨率影像处理方法经过不断改进和发展,尝试合理利用空间结构信息和语义信息,但还不能从根本上解决问题,提高分类精度。

为了应对这些问题,各国研究人员开始开展了面向对象的遥感图像分类方法相关的研究。该方法不仅利用地物的光谱信息,更多的是利用其几何信息和结构信息,影像的最小单元不再是单个的像元,而是一个个对象,在后续的影像分析中也是按照对象来进行处理的。面向对象信息提取方法的出现,为在实际应用中实现半自动或自动的信息提取分类提供了可能性,对这种方法进行深入的研究是很有意义的。面向对象分类技术主要分为两个主要部分:影像对象构建和对象分类——其中,影像对象构建的核心算法即是影像分割技术;而影像对象分类则延续了监督分类和非监督分类等相关分类算法的研究成果。

遥感影像分割是决定遥感影像分析与计算的关键因素之一,影像分割质量的好坏会显著影响影像分类的精度,只有在获得了较好分割结果的基础上,信息提取与目标识别才能进一步展开,并获得理想效果。早期经典的图像分割方法主要利用到图像的低层信息,如边缘、纹理、灰度等。经过长时间的发展,基于这些低层信息发展出来了很多图像分割算法,主要分为三大类:基于阈值分割的影像分割算法、基于边缘检测的影像分割算法、基于区域的图像分割算法,比较有代表性的遥感影像分割算法主要包括分水岭变换、分形网络进化算法、均值漂移算法、基于马尔可夫随机场算法等。随着计算机计算能力的发展,研究人员也在不断地更新各种分割算法。其中,应用范围最广、应用效果最好的方法是多尺度分割算法,这种算法会综合利用遥感影像的光谱特征和形状特征,通过计算影像的光谱异质性和形状异质性,并通过重复迭代运算和设定阈值比较,直至所有分割单元综合加权值大于指定阈值从而完成多尺度分割。例如,1999 年 Baatz M 和 Schape A 提出了一种多尺度区域类分割算法,并命名为分形网络进化算法,其基本原理是根据中心像元和周围对象的光谱特性和形状特性,将相似的对象按照一定原则合并,以此提高分割结果的同质性,并以合并的结果为新对象,反复直至相邻近像元不再符合合并条件为止或者异质性上限是否超过尺度参数,这项算法促使第一款基于面向对象算法的遥感影像处理商业软件——eCognition 的出现,作为软件的核心算法也在遥感影像的面向对象分析中得到了广泛应用。

现有的有关多尺度分割方面的研究,主要集中在分割尺度和特征选择这两个关键问题上。由于不同地物在不同观测尺度下显示不同,甚至同一类地物在不同的观测尺度下也会显示出不同的特征,因此需要针对不同地物选择合适的尺度,才能保证信息提取的精度。例如,Moller 等研究人员通过比较分割对象与真实对象区域的重叠程度及分割单元重心位置的差异来评判分割结果;Anders 等研究人员则使用了二维频率分度矩阵来评价分割对象与真实区域对象灰度值之间的光谱差异性;Dragu 和 Woodcock 等研究人员则分别选择光谱标准差变化值和平均局部方差作为评价指标,通过反复计算不同分割尺度下评价指标的变化从而确定最优分割尺度参数;Atkinson P M、Kelly R E 及 Curran P J 等提出了变异函数法进行分割试验并对分割精度进行评定。

国内的专家学者针对多尺度分割方面的研究积累也相当丰富。2003 年,黄慧萍等采用 IKONOS 遥感影像数据,基于最大面积法和均值方差来选择最优分割尺度,从而提取出大庆市的城市绿地信息,总精度高达 92.11%;2004 年,杜凤兰等结合南京市 IKONOS 影像数据,将采用面向对象多尺度分割结果与最小距离分类结果对比,前者精度更高;2006年,曹宝等应用面向对象多尺度分割方法对北京海淀区内的地物进行了分类,与基于像元方法的分类结果进行对比,面向对象多尺度分割结果分类精度更高;同年,彭启民、贾云得等研究人员提出了一种用于分割彩色图像的多尺度形态学算法,结果表明这种算法高效且可靠;谭衢霖、刘正军等研究人员在 2007 年将多尺度分割算法应用于高分辨率遥感影像分析中,提出了一种基于相邻影像区域合并异质性最小的面向对象多尺度分割算法;同年,黄昕等提出了一种多尺度空间特征融合的分类方法,张友静采用改进的面积相对差指标选择最优分割尺度;王岩于 2009 年采用多尺度分割方法与模糊逻辑分类方法实现了震害信息的提取研究并取得不错的效果;同年,张俊等采用与邻域绝对值差分方差比[Ratio of Mean Difference to Neighbors(ABS) to Standard Deviation,简称 RMAS]法选择最优分割尺度,为保证影像对象内部亮度标准差最小,影像对象之间的可分性最好,何敏、陈春雷等采用不同形式的分割尺度评价函数选择最优尺度;2010 年,翟勇光提出了尺度对比法能确定最优分割尺度的一个区间,于欢、马婷婷、刘周周等通过计算评价匹配影像对象与实际地物之间的边界吻合性;2011 年,林卉、刘培等研究人员提出了一种基于分水林算法和异质性最小区域合并算法相结合的快速分割方法,并通过试验表明这种方法能在高分辨率遥感影像中快速地取得准确的分割结果;2014 年,郭怡帆等基于 Pleiades 影像数据,采用面向对象多尺度分割方法提取出太原地区的建筑物信息,结果表明这种分类精度理想,且适用性较高;李慧、唐韵玮等研究人员于 2015 年提出了一种改进的基于最小生成树的遥感影像多尺度分割方法,试验表明,这种方法在光谱差异性较小区域的细分方面优于eCognition 软件自带的多尺度分割方法;同年 Tian 等结合影像光谱、纹理和不同的 NDVI,采用面向对象方法分层次实现树种分类;2017 年,马燕妮、明东萍等研究人员选择 Ikonos和 Spot - 5 影像数据作为数据源,将基于谱空间统计的分割尺度估计方法应用于分形网络演化多尺度分割算法中,并对其参数的合理性进行验证,最终结果表明这种方法不需要先验知识的参与,并可以自适应地估计出相对较为合适的尺度参数,在一定程度上可以提高面向对象信息提取的计算效率。

近年来,机器视觉、机器学习算法成为热门的研究方向,面向对象分类算法方面的研究也随之拥有了长足发展。例如,在树形集成学习算法研究中,Pal M 等研究人员在 2005年对比了随机森林算法和支持向量机模型在遥感影像分类中的应用效果,结论表明随机森林较之于支持向量机的分类精度和训练时间都具有优势,并且比支持向量机能够更简单地获得最优参数;2011 年,Andre Stumpf 和 Norman Kerle 等研究人员将随机森林算法应用于面向对象的滑坡敏感性制图中,研究了模型对于不均衡分类这一问题的处理能力,最终结果显示当训练集的不均衡性控制在一定的范围内时,随机森林算法能够在滑坡敏感性制图中表现出极好的分类效果;而 Rodriguez V F 和 Chica - Olmo M 等研究人员在 2012年针对土地覆盖分类展开了各种研究,他们的成果表明随机森林算法能够灵活执行多种类型的数据分析,同时在土地利用覆盖分类中能够保持一个高效率的表现;2015 年,刘海娟等以 QuickBird 高分辨率遥感影像为主要数据源,采用多尺度影像分割方法提取地物对象的光谱、纹理和形状特征,并构建基于随机森林(Random Forest,简称 RF)方法的遥感影像分类模型,分析和评价特征变量对模型重要性与稳定性的影响,这些研究面向对象的遥感图像分类法,Kappa 系数达到 0.93。另外,支持向量机方法同样受到关注,如 Tuia D 和 Pacifici F 等于 2009 年构造了将数学形态学和支持向量机分类器结合的高分辨率遥感影像的分类方法,并对 Las Vegas 和 Rome 两个地区的 Quick Bird 全色数据进行了分类处理;2016 年,asoud Habibi 和 Mahmod Reza Sahebi 及 Yasser Maghsoudi 将面向对象的方法运用至 PolSAR 影像,并提取了相关特征结合支持向量机(Supportvector machine,简称 SVM)方法进行城镇土地利用分类精度达到 90%。

除此之外,深度学习也是另一个受到研究人员关注的研究方向。深度学习(Deep Learning)的起源可以追溯到 20 世纪,当时并没有学术上的定性概念,到了 2006 年,Hinton 等在研究中指出多个隐藏层的人工神经网络具有优异的特征学习能力,并且可以通过逐层训练的方式来有效克服深层神经网络在训练上的困难,从此引出了深度学习的概念。深度学习是一种由多个处理层组成的计算模型,它能够学习数据的多层次抽象表征。作为一个灵活的深度学习系统,它可以用来表达各种算法,包括深度神经网络模型的训练及推理算法。目前,主流的深度学习方面的研究包括:1998 年,LeCun 等提出 LeNet - 5 网络结构,并在手写体数字的识别问题中取得了优异的结果。随着深度学习理论的不断成熟发展,其在遥感图像处理上的应用也得到了发展;之后还有 Yann L 和 Geoffrey H、Martin A 和 Ashish A B 等研究人员对于深度学习的综合性概述,他们阐述了深度学习在目标检测、语音识别、视觉目标识别及许多其他领域中得到的成功应用并坚定地相信深度学习能够在更多的学科领域发挥优势;2015 年,Andrea Vedaldi 和 Karel Lenc 共同开发出一个在 Matlab 中使用的开源卷积深度神经网络构建块函数,为深度学习的推广应用做出了卓越贡献;同年,Volodymyr M 和 Koray K 等研究人员开发了一种名为"Q - 网络"的新型人工智能体,并在经典 Atari 2600 游戏等领域得到了测试;2016 年,Martin A 和 Paul B 等研究人员一起主持了一个开源项目 Tensor Flow,主要用于解决深度神经网络的训练和推理问题,并在许多 Google 服务和应用项目中得到了应用。这些研究成果是目前为止深度学习研究领域最为成功的案例,极大地推动着深度学习相关领域研究的发展。而针对深度学习在遥感方面的应用也有不少研究,例如 Ghamisi 等于 2016 年提出了一种基于自改进卷积神经网络的高光谱数据分类方法,解决了所谓的维数诅咒和可用训练样本不足的问题;2018 年,Ce Zhang 等提出一种基于对象的卷积神经网络(Object-based Convolutional Neural Network,简称 OCNN),应用于超精细分辨率(Very Fine Spatial Resolution,简称 VFSR)遥感影像的城市土地利用分类;2019 年,徐刚等将深度卷积神经网络用于遥感影像的水泥厂监测,在多种公开数据集上表现良好;蔡博文等使用卷积神经网络在高分辨率遥感影像中对不透水面进行提取,总体精度对比于支持向量机等经典算法取得了提升。同样的,矿山环境监测也是遥感技术的重要应用场景之一,深度学习的特征学习能力、复杂函数的表达和拟合能力,能有效地对采矿区的高分辨率遥感影像携带的多种、大量信息进行特征提取和快速建模,对矿山环境监测具有十分重要的理论意义和应用价值。

在已有的国内外研究基础上,针对本书的研究目标还存在如下需要深入研究的问题:

(1)基于面向对象的高分辨率遥感影像信息提取方法具有深厚的研究基础,但是在矿山地质环境要素信息提取研究领域,大多数仍采用的是基础的监督分类和非监督分类的方法或者是基于像素的传统机器学习方法。但是,随着影像分辨率的提高,影像光谱信息减少,纹理、形状、颜色、位置等细节信息增加,过去在中低分辨率遥感影像中使用的分类方法或是基于像素的机器学习方法在这种条件下无法保证信息提取的精度和效率。因此,需要将面向对象的高分辨率遥感影像信息提取方法引入到矿山地质环境要素信息提取中,提高大范围矿区内地质环境要素提取精度和效率。

（2）单一利用高分辨率遥感卫星影像进行矿山地质环境要素信息提取具有的局限性,结合多源空间数据能够有效地提高信息提取的精度。但是在此领域,关于综合多源数据的面向对象信息提取流程和信息提取特征体系的研究仍属于亟待解决的问题。

第2章 研究区概况

2.1 交通位置

河南省位于我国中部,黄河中下游。地理坐标:东经 110°21′~116°39′,北纬 31°23′~36°22′,南北纵跨 530 km,东西距离 580 km,总面积 16.70×10⁴ km²,约占全国总面积的 1.74%,毗邻山东、安徽、湖北、陕西、山西和河北 6 省,具有继东承西、连通南北的作用,地理位置优越(见图 2-1)。

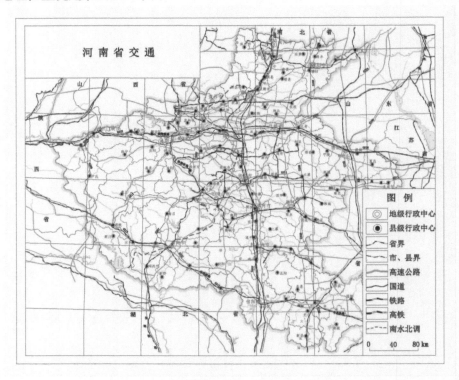

图 2-1 河南省交通(据河南省矿山地质环境遥感监测总体方案)

河南省为全国重要的交通枢纽,京广铁路、京九铁路、陇海铁路、宁西铁路、焦柳铁路,石武高铁、徐州—郑州—西安高铁纵横南北与东西。公路四通八达,京珠高速、沪陕高速、二广高速、宁洛高速、大广高速、连霍高速和省级高速公路网络连通,各县(市)间高速公路基本连通,实现了"县县通国道、乡乡有干线"。以郑州航空港为转运站的航空运输有143 条国内国际航线,形成了陆空衔接、多式联运、内部和外部一体化的三维、网络化、快速的综合运输系统。目前,全省基本形成了以国家铁路为骨架,以公路为网络,以地方铁路、水运、民航为主的综合运输体系。

2.2 地形地貌

河南省地形条件复杂,总体趋势为由西向东逐渐降低。全省除东部为平坦广阔的黄淮海平原,其余地区主要由山地、丘陵和台地组成(见图 2-2)。河南省西北部有太行山地,自西北向东南方向发展。除此之外,河南省西部秦岭山脉向东延续,为黄河、淮河和汉水之间的大分水岭,山势呈向东展开的放射状,主要山脉有崤山、熊耳山、嵩箕山、外方山、伏牛山等山地,属于第二级地貌台阶,是河南最高山区,向东山势逐渐降低而分散,形成低山和丘陵,面积总计 $7.4 \times 10^4 \ km^2$。河南省南部边境的桐柏山脉和大别山脉走向东南,是淮河和长江间的分水岭。豫东地区平原分布广泛,面积总计 $9.3 \times 10^4 \ km^2$。

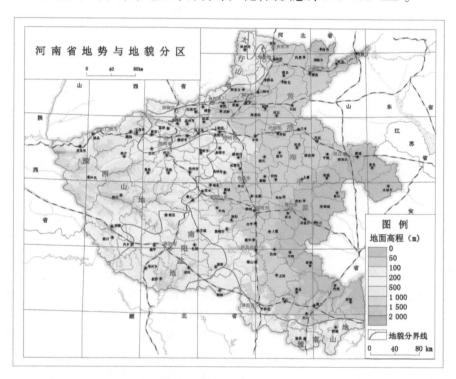

图 2-2 河南省地势与地貌分区(据河南省矿山地质环境遥感监测总体方案)

2.3 地层岩性

河南省横跨华北板块南部和扬子板块北部,各时代地层均有分布,以栾川—固始韧性剪切带为界分为华北和秦岭两个地层区,秦岭地层区以镇平—龟山韧性剪切带为界分为北秦岭和南秦岭两个分区(见图 2-3)。

河南省岩浆活动频繁,可分为八个阶段。岩浆岩分布广泛,侵入岩出露面积 11 250

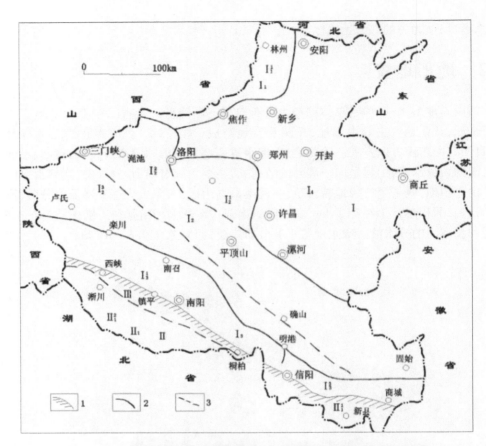

图 2-3　河南省地层综合分区(据河南省矿山地质环境遥感监测总体方案)

km², 火山岩 7 284 km²。岩性种类较全, 范围从超基性到酸性都有分布。全省已发现出露的侵入岩体 466 个, 其中酸性岩类占 85%, 中性岩类占 10%, 其余为基性 – 超基性岩和碱性岩。河南的侵入岩主要分布特征为南北老、中间新。王屋山期之前的侵入岩仅分布在华北区, 属于前造山阶段侵入岩, 而晋宁期侵入岩分布在华北区及南秦岭区, 加里东—华力西期花岗岩分布在北、南秦岭区, 属于俯冲—碰撞造山阶段侵入岩, 燕山期花岗岩分布在华北区及南秦岭区的桐柏—大别山一带, 属于后造山阶段花岗。河南省岩浆喷发活动剧烈, 火山岩分布广泛, 其中王屋山期总计 5 300 km², 加里东期总计 1 580 km², 燕山期总计 330 km², 喜山期总计 74 km², 嵩阳期和中条期火山岩已发生深变质作用。

2.4　矿产资源概况

2.4.1　矿产资源概况

据《河南省矿产资源总体规划(2016—2020)》, 截至 2015 年年底, 全省已发现的矿种 127 种, 已查明资源储量的矿种 106 种; 载入河南省矿产资源储量简表的矿产地 2 581 个, 其中包括大型 279 个、中型 402 个、小型 1 891 个、规模未划分 9 个。据《2015 年河南省国民经济和社会发展统计公报》,至 2015 年年末,全省已开发利用的矿种 93 种,其中,能源矿产 6 种,金属矿产 23 种,非金属矿产 62 种,水气矿产 2 种。

河南省储量与开发具有较大优势的矿产有煤、石油、天然气、铝土矿、钼、金、银、炼镁用白云岩、耐火黏土、萤石、水泥灰岩、玻璃用砂、玉石、天然碱等,其中煤、铝土矿、耐火黏土、钼、金、天然碱、银、珍珠岩等矿产资源采选加工业在全国占有重要的地位,对河南省的社会经济发展有重大影响。

大多数矿床组分较复杂,共、伴生矿产比例大。全省共伴生矿产多,矿石组分较复杂,如铝土矿常与耐火黏土、熔剂用灰岩、煤炭、镓、锂、轻稀土矿等矿产共伴生,金矿常与银、铜、铅、锌、钼、钨矿等多种矿产伴生,矿产资源综合利用有广阔的前景。

2.4.2 矿产资源开发利用现状

河南省矿产资源主要分布在京广铁路以西的豫西和豫南的丘陵、山区,豫东平原上仅有中原油田和永城煤田。其中,煤炭资源主要分布在郑州、平顶山、三门峡、焦作、鹤壁、永城等地;钼、金、铅、锌等金属矿主要分布在洛阳市的栾川县、汝阳县、嵩山县及三门峡的灵宝市和卢氏县境内;铝土矿集中分布在郑州以西到三门峡一带;石油、天然气资源集中分布在豫东北的濮阳市和豫西南的南阳市。

2015 年年底,全省有各类型矿山企业 2 608 个、省部级发证 1 290 个,其中大型企业153 个、中型企业 256 个、小型企业 1 443 个、小矿 756 个,设计采矿能力 61 528 万 t。与2010 年统计资料相比,各类型矿山企业减少 1 656 个。

2015 年度,全省固、液体矿石产量为 31 973 万 t,实现工业产值 656 亿元。

2.5 试验区概况

2.5.1 豫中登封—新密—禹州研究区

豫中登封—新密—禹州矿区位于河南省中部,登封市、新密市和禹州市三个县级市的交界处(见图 2-4)。本区地层属于华北地层,地处华北地台南部,登密坳陷内,夹于嵩山隆起和箕山隆起之间,呈近东西向展布。出露地层主要有下元古界嵩山群、上元古界五佛山群,古生界寒武系、奥陶系、石炭系、二叠系、中生界三叠系及新生界第四系。

本区内主要发育矿产资源以铝土矿和灰岩矿为主,除此之外还发育有黏土矿、碳质黏土矿和煤等。研究区包括部级矿区 1 个、省级矿区 77 个、省级以下矿区 61 个。铝土矿和灰岩矿以露天开采为主,煤矿以地下开采为主,多发育大型露天采场,主要矿山地质环境问题包括地面塌陷、地裂缝、土地资源破坏和地貌景观破坏等。

2.5.2 豫西栾川研究区

豫西栾川研究区位于河南省西部洛阳市境内,华北陆块南缘与北秦岭造山带的交接部位,北以龙家园组与熊耳群火山岩接触界线为限,南以栾川大断裂为界,地质构造活跃,有利于富矿的重熔型花岗岩、岩浆岩及与其相关矿产地形成(见图 2-5)。栾川多金属成

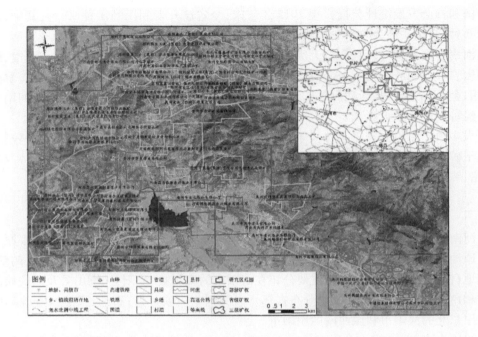

图 2-4　豫中登封—新密—禹州研究区示意(GF－2 1 m 融合影像,波段组合 241)

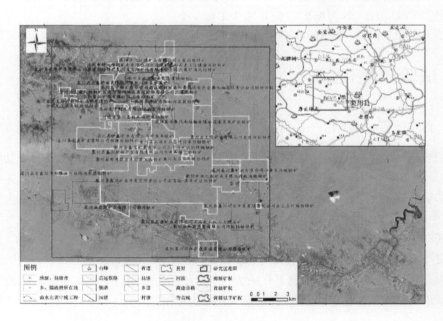

图 2-5　豫西洛阳栾川研究区示意(GF－1 2 m 融合影像,波段组合 241)

矿区的构造格架总体上呈 NWW—NW 向和 NEE—NE 向构造行迹组成的网格状构造,控制了矿床、矿体的分布、形态及富集特点,区内褶皱、断裂发育,岩浆活动频繁,蚀变强烈。

研究区的内生多金属矿产与中酸性小岩体有密切关系,每个小岩体或小岩体群多为一个成矿中心或者成矿远景地段。

研究区内侏罗纪成矿侵入体与围岩接触部位普遍发育有矽卡岩化、硅化、钾化、绢云母化等接触交代或蚀变带,并形成规模较大的钼、铜、锌、金、银等矿化。此外,本区还发育有灰岩矿、铝土矿、煤矿等。研究区包括部级矿区1个、省级矿区42个、省级以下矿区10个。金属矿开采方式包括井采、硐采等地下采矿方式,非金属矿大多以露天开采为主,此外本地区由于富钼矿发育,钼矿的开采方式同样以露天开采为主。主要矿山地质环境问题包括地面塌陷、地形地貌景观破坏、固体废弃物堆放引起的泥石流灾害等。

2.5.3 豫中郑州研究区

郑州市地处华北平原南部、黄河下游,居河南省中部偏北,地跨东经112°42′~114°14′、北纬34°16′~34°58′,总面积7 446 km²,下辖6个市辖区、1个县,代管5个县级市。本区位于秦岭东段余脉、中国第二级地貌台阶与第三级地貌台阶的交接过渡地带,总的地势为西南高、东北低,呈阶梯状下降,由西部、西南部构造侵蚀中低山,逐渐下降过渡为构造剥蚀丘陵、黄土丘陵、倾斜(岗)平原和冲积平原,形成较为完整的地貌序列。

研究区内有各类大型矿山7个、中型矿山6个、小型矿山984个,年开采能力达2 300万t以上,主要矿种有煤、铝土矿、灰岩矿、黏土其他矿等,产生各类矿渣、尾矿数万至数百万t。在2016年度遥感解译中,郑州市地形地貌景观破坏及土地资源易损区域633个,面积3 364.07 hm²,由露天矿山开采造成的挖损破坏地区178处,破坏面积达1 481.86 hm²。郑州矿集区露天开采造成的环境破坏是所有矿山损害因素中面积最大的。郑州市二七区地貌景观破坏及土地资源损毁最小,煤矿开采程度较低;其他县(市)中,登封、新密为地貌景观破坏及土地资源损毁问题严重区,该地区是河南省铝土矿、煤矿等主要矿种开采区,铝土矿以露天开采为主,煤矿以地下开采为主。该地区露天采矿造成大量的山体、植被破坏,煤矿开采造成局部地面塌陷等地质灾害,并有房屋出现裂缝破坏等现象。

2.6 遥感数据源介绍

本书研究工作主要以研究区2016~2018年度GF-1和GF-2全波段影像数据为主,同时辅以河南省30 m的ASTER_GDEM数据、研究区2016~2017年度矿权信息数据、河南省土地利用分类数据、河南省DEM数据、河南省矿山遥感解译数据等多源空间数据,本书使用的数据源见表2-1。

表 2-1　本书使用的数据源

数据源	成像时间	地面分辨率	数据类型
GF-1	2016-01~2017-10	全色2 m,多光谱8 m	栅格
GF-2	2016-01~2017-10 2018-04-16	全色0.8 m,多光谱4 m	栅格
ASTER_GDEM	—	30 m	栅格
河南省矿权信息数据	2016~2017	—	矢量

数据源	成像时间	地面分辨率	数据类型
河南省土地利用分类数据	2016～2018	—	矢量
河南省 DEM 数据	—	30 m	栅格
河南省矿山遥感解译数据	2018	—	矢量

2.7　遥感数据预处理

　　根据监测目的和矿山地质环境遥感监测相关技术标准及要求,需要对 GF－1 和 GF－2 号卫星遥感影像进行完整的预处理,包括辐射定标、大气校正、正射校正、图像融合、坐标变换处理等工作(见图 2-6)。将 GF－1、GF－2 高分辨率的遥感影像在 ENVI 软件中进行图像恢复、图像增强、图像复合、图像分类等处理后,再根据工作区需要进行裁剪、格式转换、投影变换,在 Arc GIS 中与标准或自由分幅图框进行套合,制作成矿山地质环境遥感解译的影像底图。

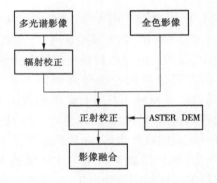

图 2-6　国产高分辨率遥感卫星影像预处理

第3章 露天矿地质环境及地质环境遥感研究

3.1 矿山地质环境

3.1.1 矿山地质环境概念

（1）地质环境的含义。

地质环境是人类环境中重要的组成部分，它包括地质背景、地质作用和地质空间，因此又被称为地质环境系统。地质环境是地球演化的产物，经过漫长的地质演化，岩石圈、水圈和大气圈之前通过物质互换和能量传递形成了一种相对稳定的状态，这种稳定的自然环境系统是人类和其他生物赖以生存发展的摇篮；而在生命进化的过程中，地质环境也在经历着不断改变的过程。

（2）矿山地质环境的含义。

矿山地质环境包括已经停产、正在生产或未来即将生产的矿区中所有的自然地质条件、地理地形条件和社会人文条件等要素。矿山地质环境以岩石圈为基础，通过矿业生产活动不断影响着土壤、水环境、大气圈和岩石圈之间的稳定平衡状态。

3.1.2 矿山地质环境研究内容

矿山地质环境涵盖了地质背景、矿业活动环境、自然地理环境、社会经济环境、地质灾害等五个领域的研究方向。矿山地质环境主要研究内容如图 3-1 所示。

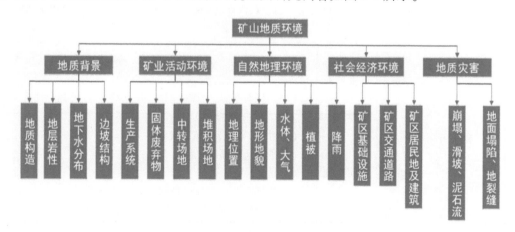

图 3-1 矿山地质环境主要研究内容

研究内容包括：①矿产资源开发活动所影响区域的地层岩性、地质构造、自然地理环境、生态循环系统；②受到采矿和选矿生产活动污染或破坏的地表水和地下水环境；③矿区生产建筑、交通及基础设施等社会经济要素；④由于矿业资源生产活动而引起的崩塌、滑坡、塌陷、泥石流、管涌、煤矸石自燃和地下煤火等灾害。

（1）矿山地质背景。

矿山地质背景主要研究的是作为矿山地质环境依托的岩石圈的地质构造、岩石和地层岩性、地下水分布、边坡结构等内容。常见的地质构造包括褶皱、断层、节理、劈理及其他各种面状和线状构造，它们既控制着矿床的产生、矿体的赋存，也会对已存在的矿床施加变形、错断等作用，对矿山开发生产和矿山地质环境的影响非常大——它们会影响矿井安全、边坡稳定性、岩体完整性，引发各种矿山地质灾害。从矿床成因学视角分析，沉积矿产在遥感影像上可以通过特定时代岩体与围岩的组合予以识别。岩石按照成因不同分为沉积岩、岩浆岩和变质岩三种，与成矿关系密切的岩体，对矿床的分布位置具有控制作用。

（2）矿业活动环境。

矿业活动环境是矿山开采生产活动的主体，主要包括从事矿业开采的矿床、矿体、矿物、开采面、开采硐口，由于矿山开采形成的矿物体废弃物、中转场地和堆积场地等。一般的矿山开拓方式采用露天开采（山坡露天开采和坑式露天开采）、地下开采（平硐、斜井、竖井）和露天—地下联合开采。露天矿业活动环境指采用露天开采方式开采矿产资源的生产环境，而地下矿业活动环境是指采用地下开采方式开采矿产资源的生产环境。不同矿业活动环境的主要生产系统见表3-1。

表3-1　不同矿业活动环境的主要生产系统

开采类型		主要生产系统
露天开采	山坡露天矿	（1）开拓和运输系统； （2）穿孔爆破和采装系统； （3）排土系统； （4）防水和排水系统； （5）破碎、选矿、机修、汽修、供电、供水、炸药制备、尾矿库等生产车间
	凹陷露天矿	
地下开采	地下系统	（1）矿井运输、提升、通风、排水、充填、供水、供电、压气输送等系统； （2）井底车场、地下破碎硐室、井下矿仓、井下炸药库等
	地面系统	（1）井口（硐口）建筑和设施； （2）地面运输系统； （3）选矿厂； （4）机修、变电、充填材料制备等生产车间； （5）材料库、炸药库、尾矿库及办公和生活建筑等

露天矿山开采根据矿床所处的地形条件，可分为山坡露天矿和凹陷露天矿；通常当被开采矿床若位于一般地表水平面以上的被称为山坡露天矿，开采的原石、废料及荒石会通

过传送带、车辆等运输方式向下运送；而当开采矿床位于一般地表水平面以下的被称为凹陷露天矿，开采的原石、废料及荒石会通过升降机、传送带、车辆等运输方式向上运送。

（3）自然地理环境。

自然地理环境指矿区或矿山范围所处的地理位置、地形地貌、水体、大气、植被、降雨等。矿山周围的自然水体，常作为采矿或选矿的矿业用水来源和运输渠道；大气和植被是生态环境的重要组成部分，容易受到矿业开发活动的影响而被污染或破坏。

（4）社会经济环境。

主要包括矿区基础设施、矿区交通道路、矿区居民地及建筑等。

采矿活动一般都与运输活动关系密切，大型采矿活动一般都会衍生如公路汽车运输、电机车运输、索道运输及联合运输等各种运输方式；中等规模的矿山会在采矿区附近就近选址建设选矿厂、料场、排土场、尾矿库等矿山设施，并通过运矿铁路或公路将矿山设施与开采区域连接；小型的硐采金属矿山的矿山道路通常规模较小，主要包括：宽度小于 1 m 的小型铁轨、宽度为 2～4 m 的简易公路、手推车小道、人行道等。这些交通道路连接了矿区内部各居民地、厂区和矿山建筑（包括选矿厂、冶炼厂等）、井架之间的交通。

（5）地质灾害。

矿山地质灾害种类较多，主要包括地表形变、滑坡、崩塌、泥石流、地下煤火、煤矸石自燃等。它们主要是由于矿产资源开发活动而导致的沿岩土体工程结构变化及地形地貌破坏、自然地理变化和水资源环境污染等因素的影响下形成的，对于矿山地质环境和人类活动、社会经济建设形成巨大威胁，严重制约着国民经济可持续发展和矿山企业安全生产。

由于不同的矿产类型受地域、规模等因素制约而选择不同的开采方式，因此矿山灾害根据灾害发生位置分为地面和井下两种。一般来说，地面矿山地质灾害类型多为地表形变、滑坡、崩塌、泥石流、煤矸石自燃等；井下矿山地质灾害又被称为狭义的矿山地质灾害，主要有冒顶、突水、煤层自燃、瓦斯爆炸等。矿产资源开发对于水土环境的破坏和污染也被包含在矿山地质灾害范围内，主要有地表水土污染、尾矿库泄漏溃坝及地下水位急速下降、地表水资源枯竭等。

3.1.3　矿山地质环境问题及其分类

不规范的矿产资源开发利用活动会诱发各种不同的矿山地质环境问题。矿山地质环境问题是指由于矿业生产活动对周边地质环境造成的各种污染、破坏，以及由此诱发的一系列地质灾害，主要包括土壤侵蚀、水土流失、土地沙漠化；地面开裂、沉降、塌陷、山体崩塌、滑坡、泥石流；废渣、废水等排放及对周围水土的污染；鱼类和野生动物栖息场所及自然景观的破坏；公民健康和财产受到的损害或威胁等。

根据《矿山地质环境调查评价规范》（DD 2014—05），归纳起来，矿山地质环境问题包括以下 4 个主要方面：

（1）矿山地质灾害，主要包括崩塌、滑坡、泥石流、地表形变等。

（2）含水层破坏，包括由于矿产资源开发改变含水层结构改变，导致地下水位下降、地表水量减少或疏干，甚至水质恶化等现象。

（3）地形地貌景观破坏，主要包括由于矿产资源开发活动改变原有地形地貌特征，造成山体破损、岩石裸露、植被破坏等现象。

（4）土地资源破坏，主要包括由于矿产生产活动导致土地性质改变、土壤污染及固体废弃物堆场压占土地等现象。

3.2 露天矿地质环境遥感调查

3.2.1 露天矿地质环境概念

（1）露天矿的含义。

一般矿山的开采方式包括露天开采、地下开采、露天—地下联合开采。不同类型的矿种开采方式不尽相同，同样的矿种由于地理位置和赋矿条件不同，成矿后遭受的构造抬升幅度不同，开采时间长短不同，采用的开采方式也不一样。

露天矿是指采用露天开采方式开采矿产资源的生产经营单位。当矿床埋藏较浅或有地表露头时，通过把覆盖在矿体上部及其周围的第四纪覆盖物和围岩挖掘剥离，把弃渣和废土运到排土场集中堆放，从敞露的矿体上直接采掘矿石，逐步建立地面与生产台阶的运输联系，以保证剥采工作的正常进行。

（2）露天矿地质环境的含义。

由于资源分布广泛、多出露地表，非金属矿山目前多采用露天开采方式，主要的非金属矿种为各种用途的灰岩、花岗岩、膨润土、玻璃用石英岩和建筑用砂岩等。金属矿的开采方式多种多样，但稀土金属、少量钨砂矿、一部分铁矿、锰矿会采用露天开采。除此之外，少数铅锌矿矿区前期也会采用露天开采，后转为地下开采；镍矿在 20 世纪 80 年代以前主要依靠露天开采，之后转入了地下开采；金矿类型多样，开采方式不尽相同，砂金矿主要为露天开采，岩金矿则是露天—地下混合开采。

不同的开采矿种的露天矿地质环境要素不尽相同，但都包括了地面运输系统、排土系统、生产车间、办公和生活用建筑、破碎选矿冶炼建筑、尾矿库等。不同之处在于，露天开采的矿业系统的开拓区域在地表以上，而地下开采的地面矿业系统仅拥有井口（硐口）建筑和设施。

3.2.2 露天矿地质环境遥感调查内容

露天矿地质环境遥感调查内容分为两个层次，主要针对露天矿地质环境背景、矿山生产布局、矿山地质环境问题等展开遥感调查：第一层次为利用空间分辨率优于 15 m 的遥感数据，开展 1：25 万矿山地质环境背景、区域矿产资源开发状况及矿产资源规划执行情况；第二层次为利用 2.5 m 的遥感数据，在重点矿区开展矿产资源开发状况、矿山环境和矿产资源规划执行情况，并配合适当的地面调查，验证有关遥感调查及监测成果。调查内容包括：①对照矿产资源开发利用规划分区界线，调查矿产资源规划执行情况。②调查工作区因矿山开发引发的土地损毁情况。③调查矿山地质环境的背景（包括地质构造、地层、岩性、矿山资源分布情况）。④圈定矿产资源开发密集、需要进一步监测的重点矿区。⑤矿产资源开采点的分布位置、数量、开采方式及开采矿种。⑥矿产开采状态和矿业秩序情况。⑦矿产开发区的采场、中转场地、固体废弃物。⑧矿产开发引起的地质灾害与灾害隐患情况。⑨矿山生态环境恢复治理情况。

3.2.3　露天矿地质环境问题及其分类

露天矿地质环境问题包括3个主要内容：①矿产生产活动引起的地质灾害与灾害隐患，主要有崩塌、滑坡、泥石流、地面塌陷、地裂缝等；②地形地貌景观破坏，主要为由矿产资源开采活动改变了原有的矿区地形地貌特征，造成山体破损、岩石裸露、植被破坏等现象；③土地资源破坏，主要为由矿业生产活动导致的土地性质改变、土壤污染、固体废弃物堆场压占土地等现象。

归纳起来，露天矿地质环境问题需要重点解译的内容分为地质灾害、采场、矿山建筑、中转场地、固体废弃物、工业广场（见图3-2～图3-15）。

（1）采场，即露天采场，包括全部非金属矿物和少部分金属矿物、煤矿，如图3-2所示。

(a) 山坡露天采场　　　　　　　(b) 凹陷露天采场（大冶铁矿露天采场）

图3-2　露天采场

（2）矿山建筑，即与矿山活动直接相关的设备厂房建筑或生产场所，包括堆浸场、炼焦厂、冶炼厂、洗煤厂/选煤厂、选矿厂和碎矿厂等。

①堆浸场。是生产企业实施堆浸工艺的生产场所。通过浸出剂渗入矿石堆而溶出有用组分，提炼诸如金、银、铜、铀等金属矿物（见图3-3）。

②炼焦厂。是将煤炭变成化工产品的生产场所的简称。通过高温干馏，提取出煤气，再经过一系列的化工工艺流程，提取次级化工原料（见图3-4）。

③冶炼厂。是通过焙烧、熔炼、电解及使用化学药剂等方法把矿石中的金属提取出来的生产场所的简称。通常还会通过减少金属中所含的杂质或增加金属中某种成分，炼成所需要的金属（见图3-5）。

④洗煤厂/选煤厂。对煤炭进行分选，除去原煤中的矿物杂质，把它分成不同规格的产品的煤炭加工工厂。通过选煤过程会产生矸石、中煤、精煤等产品，降低了煤炭运输成本，提高了煤炭的利用率（见图3-6）。

⑤选矿厂。是矿山企业中主要的生产单位和重要的组成部分，专门利用各种选矿方法和工艺流程，从原矿中获取品味较高的精矿的工厂，包括选矿前矿物原料准备、筛分以

图3-3 堆浸场(金矿堆浸场)

图3-4 炼焦厂(德国某炼焦厂)

图3-5 冶炼厂(瓜德鲁普岛,努美阿镍业公司镍冶炼厂)

及选后的产品处理等主要作业设备和矿石储场矿仓、运输设备等。选矿的方法涉及重选、浮选、机选、磁选、电选、拣选、化学选等,适用的矿物包括几乎所有金属和非金属矿物(见图3-7)。

⑥碎矿厂。是对开采出来的矿石进行集中破碎、研磨的场所。有的时候会作为选矿

图 3-6　洗煤厂/选煤厂

图 3-7　选矿厂（帕鲁特金矿选矿厂）

厂的一部分存在,完成选矿前矿物原料准备筛分的过程;大多数时候是针对非金属矿而设置的矿业加工场所,以便于矿石运输,提高矿石利用率(见图3-8)。

图 3-8　碎矿厂

（3）中转场地,主要为露天开采产生的各种矿石、原石、石料临时堆放,待后续运输转移的场地。中转场地包括矿石堆、煤堆、料场等,部分场地有简易的矿石破碎、研磨、筛选的设备(见图3-9)。

（4）固体废弃物,主要为经由各种形式矿业开采形成的排弃物及经由选矿工艺产生

(a) 料场　　　　　　　　　(b) 矿石堆　　　　　　　　(c) 煤矿仓储

图 3-9　中转场地

的固体排弃物,包括排土场、废石渣堆、尾矿库、尾矿渣、煤矸石堆等。

①排土场。是指矿山采矿排弃物集中排放的场所,是一种巨型人工松散堆垫体,为采矿面上层的第四系覆盖层及上覆围岩被开挖堆积、平整而形成,一般排放在采矿场附近,部分滞放于采场内。排土堆积隆起高出其他地物,造成植被破坏(见图 3-10)。

图 3-10　排土场

②废石渣堆。多为开采的非矿石碎石渣堆积而成,碎石块度比较大,经由斜坡道逐步向上堆积,形成锥形体,锥形堆积体一般小于排土场(见图 3-11)。

③尾矿库和尾矿渣。前者是为形成堆储金属或非金属矿原石进行矿石选别后排出的尾料的场库所建的大坝,通常建于山谷或者依山坡而建;后者是尾矿库内液态/胶态尾矿在水分蒸发发生固结之后,重新开挖堆放形成的渣堆(见图 3-12)。

④煤矸石堆。是指集中堆放煤矸石等固体废物的场所。煤矸石又叫煤伴生废石,是矿业固体废物的一种,是在掘进、开采和洗煤过程中排除的固体废物(见图 3-13)。

(5)工业广场,指支撑矿山生产系统和辅助生产系统的各种地面建筑物、设备及相关交通动力设施。主要的建筑工程包括提升系统(井塔、井架和提升机房)、加工和储存系统(井口房、选矸楼、筛分楼、矿仓、煤仓、矸石场和尾矿库等)、地面运输系统、通风系统、动力供应系统、给排水及供热系统、附属厂房(见图 3-14)。

(6)地质灾害,由于露天矿业活动而产生的各种地质灾害或潜在的地质灾害威胁,主要包括崩塌、滑坡、泥石流等,见图 3-15。

图 3-11　废石渣堆

(a) 湖北省郧西某尾矿库

(b) 尾矿渣堆

图 3-12　尾矿库和尾矿渣

图 3-13　煤矸石堆

(a) 矿山井架

(b) 选矿楼

图 3-14　工业广场

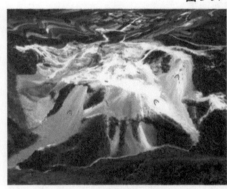
(a) 滑坡

(b) 崩塌

(c) 泥石流

图 3-15　矿山开采引发的地质灾害

3.3 露天矿地质环境遥感研究方法

3.3.1 人机交互目视解译

3.3.1.1 目视解译

交互式遥感影像目视解译是一种基本的遥感图像解译方法。交互式目视解译需要专业人员直接观察或借助光学仪器,引入自身的专业知识、个人经验和相关区域背景资料,通过计算机处理、大脑分析、推理、判断遥感影像上不同地物要素及周围地物影像特征来提取遥感影像中有用的信息。

在遥感影像上,不同的地物要素拥有不同的影像特征,这些影像特征是判别地表物体的类别及其分布的依据。解译标志是专业人员在对地物要素各种解译信息进行综合分析后归纳整理出来的综合特征,通常解译标志的建立需要结合成像时间、传感器种类、影像比例尺等多种要素。解译标志包括直接和间接解译标志——直接解译标志有形状、长宽比、颜色、阴影、结构和纹理等;间接判读标志有水系、地貌、土质、植被、气候、人文活动等关于分析对象和周围环境的相关关系的因素。

3.3.1.2 目视解译的通常方法

目视解译的通常方法包括直接判读法、对比分析法、逻辑推理法、信息复合法和地学相关分析法。结合露天矿地质环境遥感研究,具体内容如下:

(1)直接判读法。当地质环境类别简单突出、影像特征明显的情况下,适宜运用这种方法,通过建立的各类露天矿地质环境类型的直接解译标志来判断矿山地物类型。

(2)对比分析法。通过与同类地物对比分析,或与调查验证时确定的露天矿地质环境要素属性,或通过对遥感图像进行时相动态对比分析,或对比分析空间位置分布,来识别露天矿地质环境要素的性质的方法。

(3)逻辑推理法。综合考虑遥感图像多种解译特征,结合地学规律,运用相关分析、逻辑推理的方法,通过间接解译标志来推断露天矿地质环境要素的方法。

(4)信息复合法。利用专题图或地形图与遥感图像复合,根据专题图或者地形图提供的多种辅助信息,识别影像上露天矿地质环境要素的方法。

(5)地学相关分析法。根据地学环境中各种地质地理要素之间的相互关系,借助解译人员的知识经验,分析推断露天矿地质环境要素的性质的方法。

3.3.2 遥感影像信息自动提取

遥感影像的像元亮度值的高低差异代表了不同地物的差异,这是区分不同影像地物的物理基础。遥感影像信息自动提取就是利用影像光谱特征、空间特征、极化特征和时间特征,通过对特定地物在不同波段的波谱曲线进行分析,并使用计算机进行增强处理后,在遥感影像上识别并提取地物要素,而实现遥感影像的分类的技术。目前,常用的遥感影像信息自动提取方法分为监督分类和非监督分类两种算法类型。

3.3.2.1 监督分类

监督分类是一种经过自顶向下知识驱动的统计判别分类,其最终目的是使得具有相似特征的像元归属为同一类。监督分类的基本流程包括类别定义/特征判别、样本选择、分类器选择、影像分类、分类后处理、结果验证等(见图3-16)。以矿山地质环境要素解译为例,首先需要确定待提取要素种类和具体定义,然后圈定合适的样本区域,并根据样本区域的基本信息、初步野外调查来均质地选择各个类别的训练样本;其次是根据训练样本的基本光谱特征统计信息来选择合适的分类器,完成分类器的训练过程;最后便可以将待分类区域引入,使用训练好的分类器对分类区域进行分类,并与实地验证结果进行对比,分析评价分类结果。

图3-16　监督分类基本流程

3.3.2.2 非监督分类

非监督分类是在不建立任何训练样区,不引入任何先验知识的前提下,主要根据像元间的光谱特征的自然聚类特性进行归类合并的方法。非监督分类时,不需要预知类别特征,把各样本的空间分布按其相似性,采用合适的相似性度量方法,分割或合并成同一种地物类别。遥感影像非监督分类常用算法有回归分析、趋势分析、等混合距离法、集群分析、主成分分析和图形识别等。在分类过程中,监督分类和非监督分类方法都需要选择训练样本,但二者之间的区别是后者不需要先验知识,而前者需要先验知识。

3.3.3　基于面向对象的遥感影像信息提取方法

传统的遥感影像解译基于像素的角度来理解遥感影像,这种方法只能反映单个像素的光谱特征,无法从整体上理解影像的特点,没有利用图像的单个对象特征及对象之间的联系。同时,对于空间分辨率在米以上的高分辨率遥感图像,传统的基于像素的方法会导致细节信息的冗余和浪费。因此,面向对象的遥感影像信息提取方法的核心思想便是以影像分割后相似像元组成的"影像对象"为基本单位取代过去以像元为基本单位,充分利用分割单元的相关特征对地物进行提取,使用合适的机器学习的方法建立规则集来提取地物,这样既避免了"椒盐现象",又避免了地物信息提取过程中的错分、漏分现象。

3.3.3.1 遥感影像分割方法——多尺度分割技术

多尺度分割技术是一种极具代表性的基于统计特征的影像分割方法,其核心算法是分形网络演变技术(Fractal Net－Evolution Approach,简称FNEA),基本思想可以描述为一种自下向上的区域合并技术。通过执行像元合并过程中对象异质性最小的原则,以像元作为最基本的单元,选定一个像元作为起点,从该起点开始搜索相邻的区域内属性相似的像元,将单个像元与其周围的像元进行计算和合并成为一个影像对象,对象内部赋予统一属性,所产生的对象将代替像素作为影像的最基本单元,选定新的起点,重复进行上述的搜索合并操作,过程中保持异质性的最小增长,如果最小增长超过定义的阈值则该过程停止,从而提取感兴趣的影像对象;最终分割结果中大尺度分割单元和小尺度分割单元同时存在,形成了一个多尺度影像对象层次结构。多尺度分割技术分割过程由形状异质性、光谱异质性、波段权重和分割尺度四个参数决定,具体参数关系见图3-17。

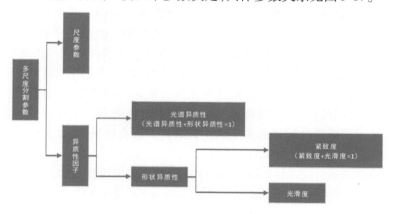

图 3-17　多尺度分割参数关系

(1)光谱异质性即是合并对象在光谱亮度值上的异质性变化值,其度量准则为

$$\delta_{\text{color}} = \sum p_t \left[\beta_{\text{merge}} \times \eta_t^{\text{merge}} - (\beta_{\text{obj1}} \times \eta_t^{\text{obj1}} + \beta_{\text{obj2}} \times \eta_t^{\text{obj2}}) \right] \tag{3-1}$$

式中　δ_{color}——光谱异质性;

　　p_t——遥感影像不同波段的权重;

　　t——波段数目;

　　β_{merge}——分割后对象的区域面积;

　　η_t^{merge}——分割后对象的光谱标准差;

　　obj1、obj2——两个合并前的影像对象;

　　β_{obj1}、β_{obj2}——两个影像对象的面积;

　　η_t^{obj1}、η_t^{obj2}——两个影像对象的光谱方差。

(2)形状异质性δ_{shape}包括平滑性δ_{cmpct}和紧凑性δ_{smooth}两个参量,其中前者决定了目标分割对象边缘的光滑程度,后者则可以提高合并后新分割单元轮廓的紧密程度:

$$\delta_{\text{shape}} = w_{\text{cmpct}} \times \delta_{\text{cmpct}} + (1 - w_{\text{cmpct}}) \times \delta_{\text{smooth}} \tag{3-2}$$

其中,w_{cmpct}为用户定义的紧凑性权重值。

(3)总异质性值由光谱异质性和形状异质性通过以下公式计算:

$$f = w \times \delta_{\text{color}} + (1 - w) \times \delta_{\text{shape}} \tag{3-3}$$

其中,w为用户定义的光谱权重,相对于形状异质性而言,取值为 0~1。

3.3.3.2　最优分割尺度方法

对于一种特定的地物要素而言,其最优分割尺度应该是所分割的结果多边形较好地显示该地物要素的边界,在保证不出现过于破碎或模糊边界的前提下,能通过若干个分割单元的组合来表示这个要素类别。早期的最优尺度定性分析的思路是通过重复试验过程,选取不同的尺度反复试验,最后通过研究人员目视判断来选择合适的分割尺度。这一思路费时费力,同时也无法保证结果准确性,因此目前常用的最优分割尺度方法已经转向定量分析的研究思路,主要包括:利用影像对象与邻域均值差分绝对值和对象标准差间的比值随尺度变化的曲线拟合法、矢量距离指数法、K均值聚类法、最大面积法、目标函数法、面积比均值法、欧几里得距离法、ESP方法等。

最大面积法从分割后影像对象和原目标地物两者间的面积关系出发，认为分割所产生的影像对象最大对象的面积不应大于目标地物的面积。借助于多种尺度的分割试验，记录不同尺度下的最大面积与目标面积的关系，结合目视解译确定该类地物的最优分割尺度。目标函数法是一种基于影像对象内部同质性和外部异质性的最优分割尺度选取方法，该方法认为最优的分割效果需使影像对象具有良好的同质性，同时影像相邻对象之间具有良好的异质性，并计算同质性和异质性的值，以此作为两个因子并确定其权重构建一个目标函数，是内部同质性和外部异质性达到最优的综合效果，确定最优的分割尺度。

1. ESP 法

ESP法（Estimation of Scale Parameters，简称ESP）确定最优分割尺度参数的思路是通过计算影像对象内部均质性的局部方差（Local variance，简称LV）作为某一分割尺度参数下所有分割对象的平均标准差，并用LV的变化率值ROC_LV（Rates of Change of LV）作为选择最优分割尺度的依据，当ROC_LV发生转折时，意味着所有分割对象的异质性最大，此时的尺度参数便是一个最优分割尺度。

LV变化率计算公式为：

$$ROC = \left[\frac{LV_L - LV_{L-1}}{LV_{L-1}} \right] \times 100 \tag{3-4}$$

其中，LV_L为L对象层的平均标准差；LV_{L-1}为L的下一层$L-1$的对象层的平均标准差。

2. 面积比均值法

重点考虑分割前后面积的关系，计算目标地物面积与分割对象总面积的比值，如果其比值越趋近于1，则分割对象边界与地物边界越一致，越接近最优分割尺度。该方法认为最佳的分割效果是：一个目标地物恰好生成一个对象，且生成对象的边界与目标地物的边界完全吻合。但是在实际的分割过程中，这种理想化的情况出现的概率很小。目标与分割对象的边界多边形往往存在差异，且分割结果中也可能包含多个对象，如图3-18所示。

四种情况下对水体的边界信息都做到了较好的提取，但是分割得到的对象数目存在明显的差异。因此，面积比均值法在考虑分割前后面积关系的前提下，又引入了对于分割后生成对象数目的考虑，于是得到面积比均值公式：

$$R = \frac{1}{m} \sum_{i=1}^{m} \frac{S_{T_i}}{\sqrt{n_i}\, S_{O_i}} \tag{3-5}$$

式中　R——面积比均值；

　　　m——整幅图像同类型目标地物总数；

　　　n_i——第i个目标地物分割生成的对象个数，其值大于或等于1，且小于目标地物
　　　　　　包含像元总数；

　　　S_{T_i}——第i个目标地物实际面积；

　　　S_{O_i}——第i个目标地物分割生成对象总面积。

通常情况下，S_O近似或大于S_T。由式（3-5）可以看出，当分割尺度为最优分割尺度时，理想状态下S_T与S_O相等，对象数目n_{best}为1，得到的面积比均值R_{best}为1。当分割尺

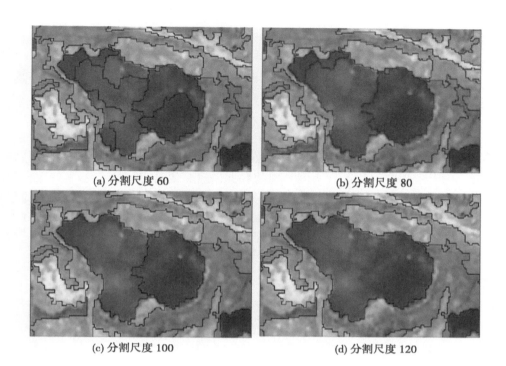

(a) 分割尺度 60　　　　　　　　　　　(b) 分割尺度 80

(c) 分割尺度 100　　　　　　　　　　(d) 分割尺度 120

图 3-18　不同分割尺度结果

度小于最优分割尺度时,表现为对象数目 $n > n_{best}$, $R < R_{best}$;当分割尺度大于最优分割尺度时,表现为对象数目 $S_T < S_O$, $R < R_{best}$ 。由此可知,在面积比均值方法中计算某一特定地物类型在不同尺度下的 R 值,取其峰值所对应的分割尺度,即为该类型地物的最优分割尺度。

3.3.3.3　对象特征选取

遥感信息的提取是将遥感影像地物类别特征与地表实际地物特征对应起来,通过各种各样的特征提取方法实现。理论上讲,遥感影像被分割成对象后存在 4 类特征,即内在特征、纹理特征、几何特征和邻域间特征。内在特征指对象的物理属性,由对象的色彩、纹理和形状组成;拓扑特征指对象间或影像内部几何关系特征,包括左右关系、距离关系和包含关系等特征;上下文特征是指对象间的语义关系特征。

1. 光谱特征

光谱特征可以表征实际地物在遥感影像中的电磁辐射规律,常见表达方式是遥感影像的波段或者灰度值,是遥感影像区分不同地类的最基本特征之一。

2. 纹理特征

高空间分辨率影像除了具有光谱信息,还有丰富的纹理特征,它对于影像中的微结构表达更明晰,这对于纹理复杂的矿山地物,是分类的重要依据。本书使用灰度共生矩阵和灰度差向量作为计算对象纹理特征的依据

3. 几何特征

几何特征是用来描述对象形状方面的一类特征,是面向对象分类方法有别于基于像素分类方法的显著特征。几何特征是基于图像对象的形状,是由构成图像对象的像素来

计算的。

4.邻域间特征

与基于像元分类中相邻像元间的空间关系类似,面向对象分类中相邻对象之间也存在着一定的特征关系。

3.3.4 多源数据协同的目标提取方法

多源数据的协同是指基于不同种类的数据资料(遥感卫星影像、地质图、监测数据、调查数据、地形图、航空卫片等)、不同类型的数据(栅格、语音、矢量、文字等),综合使用多种遥感影像信息提取的方法(人机交互目视解译、监督/非监督分类、面向对象的信息提取),相互借鉴待提取目标的特征参数,完成目标地物信息提取的任务(见图3-19)。

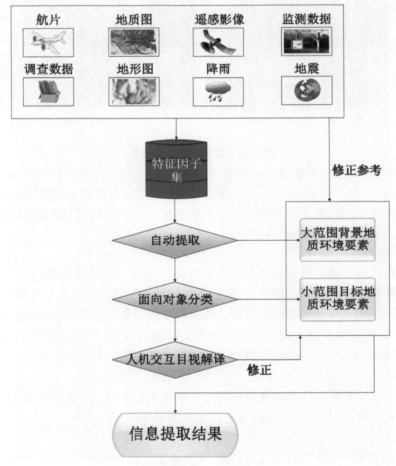

图3-19 多源数据协同的目标提取方法

传统的遥感影像信息提取的方法主要使用的是影像的光谱信息、纹理信息、形状信息等特征因子。由于"同物异谱"和"同谱异物"等现象的存在,导致仅靠遥感影像自身的特征因子无法完成大范围的地物信息提取。因此,参考上述非遥感数据,选取合适的方法将不同数据源、不同数据格式的数据源进行统一,添加诸如相对位置、坡度、坡向、斜坡结构、地层、高程变化等空间信息,丰富目标地物的特征因子,以此提高地物信息提取的精确度。

在目前的露天矿地质环境遥感研究中,大范围的地物信息仍然主要采用人机交互目视解译的方法;遥感影像信息自动提取的方法主要应用在待提取目标地物类别较少,彼此区分度较高,"同物异谱"和"同谱异物"等现象不明显的情况;而面向对象的遥感影像信息提取则受限于研究区范围大小。因此,在实际的应用中,可以协同使用各类方法,如在利用遥感影像信息自动提取的方法提取出主要大范围背景目标地物之后,再在小范围的区域内引入面向对象的遥感影像信息提取方法,分层依次将目标地物提取出来,最后采用目视解译的方法进行错误更改和范围修正。

第4章 露天矿地质环境解译标志体系研究

4.1 矿山地质环境现状

根据河南省地质矿产资源的开采分布情况,依据矿山地质环境问题发育程度、危害特征及主要矿山地质环境问题的分布特征,将全省划分为16个矿山地质环境影响严重区(见表4-1)。

表4-1　河南省矿山地质环境问题影响分区(据河南省矿山地质环境遥感监测总体方案)

序号	分区名称	分布区域	开采矿种	矿山地质环境问题
1	安阳—鹤壁矿山地质环境问题区	安阳县、林州市、鹤山区、山城区、浚县、淇县	铁矿、煤炭、水泥灰岩、玻璃用石英岩、水泥灰岩、白云岩、建筑用灰岩、水泥灰岩、花岗岩、石英砂岩等	地面塌陷、地形地貌景观破坏
2	卫辉—辉县矿山地质环境问题区	卫辉市、辉县市	水泥灰岩、花岗岩、耐火黏土	地形地貌景观破坏
3	焦作矿山地质环境问题区	中站区、马村区、山阳区、沁阳市、博爱县、修武县	煤炭、石灰岩、硫铁矿、耐火黏土	地面塌陷、地形地貌景观破坏
4	济山地质环境问题区	克井、下冶、邵原、王屋	煤炭、铁矿、石灰岩	地面塌陷、地形地貌景观破坏
5	济源—新安—义马—渑池—陕州—三门峡矿山地质环境问题区	济源南部、新安中部、义马市、渑池南部、陕州北部及三门峡市区东部区域	煤炭、铝土矿、石灰岩等	地面塌陷、地裂缝、土地资源占用、地形地貌景观破坏
6	灵宝矿山地质环境问题区	灵宝市的西部豫灵镇、故县镇、程村乡、阳平镇南部与朱阳镇北部一带山区	金矿、硫铁矿为主	地形地貌景观破坏、固体废弃物堆放引发的泥石流灾害
7	灵宝—卢氏矿山地质环境问题区	灵宝市朱阳镇南部和卢氏县潘河—磨口—汤河一带	主要开采磁铁矿、铅锌矿、铜矿、钼矿等金属矿,主要开采方式为地下洞采	局部地面塌陷

序号	分区名称	分布区域	开采矿种	矿山地质环境问题
8	灵宝—卢氏—西峡—淅川—内乡—镇平—南召矿山地质环境问题区	灵宝市朱阳镇南部、卢氏西部、西峡大部、淅川北部、内乡中北部、南召南部、镇平北部及南阳市区西北部	主要开采铁矿、铅锌矿、铜矿、钼矿、金矿、锑矿等金属矿及灰岩矿、花岗岩、玻璃用硅石、白云岩矿、萤石矿、石墨矿、大理岩矿等非金属矿	地形地貌景观破坏、固体废弃物堆放引发的泥石流灾害
9	栾川—洛宁—嵩县—宜阳—汝阳—汝州—鲁山矿山地质环境问题区	栾川大部、嵩县、洛宁县南部、宜阳西南部、汝阳、鲁山西北部及汝州西南部	主要开采金矿、钼矿、铅锌矿、铁矿、灰岩矿、铝土矿、煤矿为主,除煤矿以外大部分为露天开采	地面塌陷、地形地貌景观破坏、固体废弃物堆放引发的泥石流灾害
10	宜阳东部矿山地质环境问题区	宜阳县东部,地貌单元属黄土丘陵区	煤矿、石灰岩矿为主	地面塌陷、地形地貌景观破坏
11	郑州—平顶山矿山地质环境问题区	巩义市、荥阳市、登封市、新密市、禹州市、汝州市、平顶山市北部及新郑市、偃师市、伊川县、郏县、宝丰、鲁山、襄城县的区域	煤矿(包括郑州和平顶山两个煤矿区)、铝土矿和灰岩矿,煤矿为地下开采,铝土矿和灰岩矿为露天开采	地面塌陷、地裂缝、土地资源占用、地形地貌景观破坏等
12	鲁山—南召—方城矿山地质环境问题区	鲁山南部、南召东北部及方城北部	花岗岩、石英岩、石灰岩,大理岩等,有众多小型矿山,以露天开采为主	地形地貌景观破坏
13	舞钢—泌阳—遂平—确山—桐柏—信阳矿山地质环境问题区	舞钢、泌阳北部、遂平西部、确山大部、桐柏东北部及信阳西北部	铁矿及非金属矿为主,多为露天开采	地形地貌景观破坏
14	信阳—罗山—新县—息县—光山矿山地质环境问题区	信阳市东南部、新县中部、息县西南部、光山东南部、新县西北部区域	珍珠岩、沸石、水泥灰岩等建筑材料,以露天开采为主	地形地貌景观破坏
15	新县—光山—商城—固始矿山地质环境问题区	新县东部、商城大部、固始西南部区域	珍珠岩、沸石、水泥灰岩等建筑材料,以露天开采为主	地形地貌景观破坏
16	永城矿山地质环境问题区	永城市东部	煤炭	地面塌陷、地裂缝,土地资源占用

4.2 露天矿地质环境问题野外识别标志

选择不同类型矿种分布集中区进行野外踏勘,建立和完善矿区露天矿开采点(面)、固体废弃物、矿山地质灾害等地质环境问题的野外识别标志和分布特点,详细了解矿区的野外工作条件,能够为之后的室内遥感解译标志的建立、信息提取工作和野外验证奠定基础。

4.2.1 露天矿地质环境问题野外调查内容

根据河南省主要矿产种类的采矿方式,野外调查内容主要包括两大类:一类属于金属矿(金、银、铁、铅、锌、钨),其主要开采方式属于硐采,地下开采(竖井开洞或者平行爆破开洞);另一类属于非金属矿和部分稀土金属矿(钼、铝土、灰岩、大理石等),其主要开采方式属于露天开采,其中特例是煤矿,煤矿主要开采方式为井采,属于地下开采。

综合第3章中露天矿地质环境问题的分类有关的研究内容,金属矿的露天矿地质环境问题包括矿山建筑、中转场地、固体废弃物及工业广场;非金属矿的矿山地质环境问题包括采场、矿山建筑、中转场地、固体废弃物及工业广场;煤矿的矿山地质环境问题包括矿山建筑、中转场地、固体废弃物及工业广场。三种开采方式所需要重点解译的露天矿地质环境问题内容并不完全相同。河南省露天矿地质环境问题野外调查内容,见表4-2。

表 4-2 河南省露天矿地质环境问题野外调查内容

矿种	Ⅰ级类别	Ⅱ级类别
大部分金属矿(金、银、铁、铅、锌、钨等)	矿山建筑	井口/井架/硐口
		堆浸场
		冶炼厂
		选矿厂
	中转场地	矿石堆
		料场
	固体废弃物	废石渣堆
		尾矿库
		尾矿渣堆
	工业广场	其他
非金属矿和部分稀土金属矿(钼、铝土、灰岩、大理石等)	采场	露天采场
	矿山建筑	选矿厂(碎矿厂)
	中转场地	矿石堆
		料场
	固体废弃物	排土场
		废石渣堆
		尾矿库
	工业广场	其他

矿种	I 级类别	II 级类别
煤矿	矿山建筑	井口/井架
		炼焦厂
		选矿厂(洗煤厂/选煤厂)
	中转场地	煤堆
		料场
	固体废弃物	煤矸石堆
	工业广场	其他

4.2.2 金属矿和煤矿地质环境问题野外识别标志

4.2.2.1 矿山建筑

1.井口/井架/硐口

井口/井架/硐口为金属矿和煤矿开采中主要负责矿山(坑口)提升矿石任务的矿山建筑,一般井口、井架、硐口都有相应的地面运输系统与之相连(见图4-1)。除废弃停产很久的矿山,地貌会有明显人为搅动迹象,与周边原生地貌形成明显的对比,即附近沟壑有弃石废渣堆积、附近常有选矿厂或尾矿库出现;同时采矿用道路发育,且连接开采硐口和固体废弃物、其他矿山建筑。图4-1(a)是河南省某铁矿开采井架,井架建设于开采产生的废石渣堆顶部,且附近有道路与之连接;图4-1(b)是河南省某金矿开采平硐硐口,可见下方有由于开硐产生的废石渣堆积,且附近有运输道路相连。

(a)井架   (b)平硐硐口

图 4-1 金属矿开采区

与金属矿开采区域相比较,煤矿采场拥有更大的井架[见图4-2(a)]和配套的粗筛选、传输、转运场所和设备,例如选矸楼[见图4-2(b)]、分选池、储矿仓等。

2.堆浸场

堆浸选矿是金属矿提取选矿的一种工艺流程。通常使用这种方法的时候,会将低品位的矿石堆放在场地里,场地底部是用渗透系数低的材料制作的防渗衬垫,矿石堆顶部会整平布设浸泡、喷洒设备或厂房。堆浸液从顶部不断淋下,渗透过矿石堆并最终汇积在底

(a)井架 (b)选矸楼

图 4-2 煤矿开采区

部透水层,然后在铺有衬垫的集液池中收集母液。如图 4-3 所示,可见堆放整齐的矿石堆,上面盖有防尘布,下铺设堆浸液运输喷洒管道。

图 4-3 金属矿堆浸场

3.冶炼厂/选矿厂/炼焦厂

较大型的矿山大多数会选择就地建设选矿厂,进行就地选矿。同时,为了方便满足给排水和尾矿排出,选矿厂一般也会建立在靠近水源和尾矿库的地方,建筑结构简单,顶棚覆盖面大,具有典型的工矿企业特征(见图 4-4)。

(a)临近金属的采矿区 (b)临近尾矿库的选矿厂

图 4-4 金属选矿厂

煤矿的选矿厂又称作洗煤厂或选煤厂,通常洗选的方法包括重力选煤、浮游选煤和特殊选煤。因此,与金属矿选矿厂不同的是,煤矿选矿厂必然会设置有大量洗煤池,洗煤池颜色深黑,附带其他筛选、水循环等设备(见图4-5)。

(a)选煤厂分选槽   (b)洗煤厂分选池/洗煤池

图4-5 煤矿选矿厂

金属矿冶炼厂(见图4-6)会远离矿山建造,考虑到供电需求和交通运输条件,金属矿冶炼厂会与国家主要公、铁路干线接轨,接入大型国家电网,一些大型的冶炼厂内包含有独立的发电厂,供给冶炼厂正常生产活动。一般都会有冶炼锅炉、液化系统、催化仓等明显建筑设备;如果包含独立发电厂,则会有典型火力发电中排出尾气的烟囱;或者风力发电用风力发电机组等。煤矿冶炼厂又叫作炼焦厂,主要特征和金属矿冶炼厂类似,周围多有煤堆和少量煤矸石堆积,如图4-7所示,可见炼焦厂内高耸的排气烟囱和煤气运输管道,这些都是炼焦厂的典型识别标志。

图4-6 金属矿冶炼厂

4.2.2.2 中转场地

金属矿和煤矿中转场地包括矿石堆(或煤矿)和料场。前者包括开采出来临时露天堆放的原石和经过初步粉碎或研磨加工的矿料,通常规模比较小,会分散堆积,主要堆放在硐口、井口、井架或选矿厂附近;品位参差不齐,品位低的会转移到堆浸场内进行堆浸选矿,品位高的运输到选矿厂进行精细选矿,但是通常由于特征不明显,会与废石渣堆混淆,

(a)炼焦厂内排气烟囱　　　　　　　　　　(b)炼焦厂内煤气运输管道

图 4-7　煤矿炼焦厂

需要依靠对堆积矿石的性质进行实地验证才能区分。后者主要是用来接受、储存、初步加工处理矿物原料和燃料的场地,场地有专门的厂房和顶棚,规模较大,有专门的运输通道由硐口、井口或井架等开采区域连接到料场;通常矿石品质中等以上,会集中容纳多种矿石和多种品位的煤堆。如图 4-8 是河南省某煤矿中转场地:图 4-8(a)为露天临时堆放的煤堆,上面盖有防尘布;图 4-8(b)为堆放在厂棚内的煤堆。大部分金属矿中转场地也和这种煤矿中转场地类似,会分为露天临时堆放和料场集中堆放。

(a)露天临时堆放的煤堆　　　　　　　　　(b)堆放在厂棚内的煤堆

图 4-8　煤矿中转场地

4.2.2.3　固体废弃物

1.废石渣堆

金属矿地下开采(包括平硐开采、竖井开采)产生大量的废石渣堆通常在硐口附近囤积或沿着采矿区所在山谷选择合适的区域集中堆放。通常硐口附近的废石渣堆规模比较小,分散堆积,并且会与矿石堆混杂;依沟选址集中堆放的废石渣堆规模不等,倚靠山坳并在前端筑有挡土墙,防止发生滑坡或泥石流地质灾害(见图 4-9)。

除此之外,废石渣堆在其他地方堆积时会出现以下三种情况:

(1)直接堆积,这种属于最普遍的情况,废石渣堆在平地上以锥型堆积,位置比较分散,规模较小(见图 4-10)。

(a)依次堆放的废石渣堆　　　　　　(b)前端筑有挡土墙的废石渣堆

图 4-9　废石渣堆

图 4-10　金属矿采矿区中井架周围堆放的废石渣堆

（2）整平并在下方建有挡石墙,甚至部分会采用覆土后种植植被进行环境恢复(见图 4-11)。这种情况容易与排土场混淆,但是由于金属矿地下开采时,首先单个硐口排出的固体废弃物比较少,其次金属矿依沟开采,专门修建集中堆放固体废弃物的排土场和运输道路成本较高,因此较少会修建排土场。两者的主要区分依据有:①依沟而建的,小范围的固体废弃物堆场属于废石渣堆;②在开采硐口附近的属于废石渣堆;③有无专门的排土运输道路,废石渣堆没有专门供给大型运土车辆通行的道路。

（3）整平并在下方建有挡石墙,上面平整并有浸泡设备或者房屋。由于下方是低品位矿石堆积,易与废石渣堆混淆,这种情况难与排土场、堆浸场区分。主要区分准则是首先观察待定类型是否满足(2)中的条件,再观察整平面上面是否专门布设了浸泡、喷洒堆浸液的设备厂房,如果都有则属于堆浸场,如果没有堆浸设备则属于废石渣堆,否则属于排土场。

除此之外,在煤矿的开采中,由于开采产生的废石渣堆大部分会被定义为煤矸石,因此煤矿的废石渣堆定义得较少,但是如果明显不属于煤矸石的剥离废渣堆,则仍然属于废石渣堆的范畴。

2.尾矿库

尾矿库为金属矿山的标志性地物,一般地处山谷,离矿区不远,通常会毗邻选矿厂,形

图 4-11　下方有挡土墙的废石渣堆

状类似于水库,库内为灰色矿渣,库口建有拦挡坝[见图 4-12(a)]。尾矿库前缘具有多级结构,部分可见尾泥灌入、注水,因此库内混合物含水率比较高,颜色一般灰白、灰绿,色彩较鲜明。老的尾矿库会长芦苇,多支流流入,可看见树枝状冲积扇,表面为黏稠状(稀泥),干湿界限不明显,有排水管和渗水井[见图 4-12(b)]。

(a)沟谷内金属尾矿库　　　　　　　　　　(b)旧尾矿库

图 4-12　金属矿尾矿库

3.尾矿渣堆

为了提高金属矿的提炼率,避免尾矿渣中残留的金属矿造成浪费,往往会选择对已经填入尾矿库中的尾矿渣进行重新挖掘、分选、提炼,然后再将排出物重新填入尾矿库中(见图 4-13)。挖掘出来待重新分选提炼的尾矿渣,会堆积在尾矿库和选矿厂附近,和废石渣堆、排土场相比,尾矿渣的组成物质成分更加细腻、含水量更高,颜色灰白,可以作为尾矿渣和废石渣堆、排土场的区分依据。

4.煤矸石堆

煤矸石堆多出现于煤矿开采区的井架、井口、洞口或选矿厂附近。作为集中堆放煤矸石等固体废弃物的场所,粒径大小不一,颜色深灰、灰黑、深黑,和废石渣堆类似,塔形或锥形分散堆积(见图 4-14)。

图 4-13　金属矿尾矿渣

图 4-14　煤矸石堆

4.2.2.4　工业广场

　　工业广场包括除上述的矿山建筑、中转场地外的其他各种矿山生产系统和辅助生产系统服务的地面建筑物、构筑物及有关设施的场地（见图 4-15）。这些工业广场与矿业生产活动息息相关，通常会位于矿权区内和各种居民地厂房接界，具有很明显的矿山企业的特征。

(a)三道口钼矿运输车队修理站

(b)煤矿运输建筑

图 4-15　工业广场

4.2.3　非金属矿（及部分稀土金属）地质环境问题野外识别标志

4.2.3.1　露天采场

　　露天采场是埋藏较浅的非金属矿及部分稀土金属矿，以及少数情况下的煤矿的开采区域，根据 3.2.3 节中介绍的露天开采的两种不同类型，在野外进行识别标志的建立时，可以从采壁和采坑两个途径来进行露天采场的识别。

　　如图 4-16 所示，山坡露天采场多见采壁发育，通常坑壁直立，可见明显采矿挖掘痕迹，周围有矿石堆积，或有采矿器械与厂房林立，有运输道路通往。

　　如图 4-17 所示为 4 种不同矿产资源的露天采场，它们都属于凹陷露天采场。

图 4-16　非金属山坡露天采场

　　凹陷露天采场可见明显下陷采坑,坑内有积水,或有采矿器械,可见明显采矿开挖痕迹,有运输道路通往。

(a)石料　　　　　　　　　　　　　(b)铝土矿

(c)煤矿　　　　　　　　　　　　　(d)钼矿

图 4-17　凹陷露天采场

　　露天采场常常与其他地质环境问题伴生,比如废石渣堆、排土场、中转场地等。大型的露天采场通常情况下甚至会出现多个重复的地质环境问题,因此在调查露天采场时,需要将各个要素分开调查,建立各自的野外识别标志。

4.2.3.2 矿山建筑

非金属矿矿山建筑主要是选矿厂。碎矿厂是选矿厂的一种,大部分非金属矿根据其用途不同需要进行的处理流程主要是粉碎、研磨等工艺,碎矿厂便是从事这些矿业加工活动的场所。在露天开采的过程中,为了提高运输效率、节约运输成本,会在中转场地内通过简易的粉碎、筛选设备对原石进行处理,非金属矿碎矿厂多设置于露天采场外(见图4-18)。

图4-18　非金属碎矿厂(临近露天采场)

非金属矿的冶炼厂比较少,通常是类似于铝土矿这种可以通过电解法来提炼金属铝的矿物。因此,在这种情况下,冶炼厂会呈现出类似于金属矿冶炼厂的布置格局,靠近我国主要铁路公路网,甚至在厂区内有独立的发电厂。

稀土金属矿的矿山建筑类似于金属矿,主要类型是选矿厂,且厂址通常临近露天采场,并且厂址周围有尾矿库发育(见图4-19)。

图4-19　钼矿选矿厂(紧邻尾矿库,废渣直接排入尾矿库)

4.2.3.3 中转场地

非金属矿中转场地包括矿石堆和料场。前者包括开采出来临时露天堆放的原石和经过初步粉碎或研磨加工的矿料,通常规模比较小,分散堆积,主要堆放在露天采场内或周围,块径直接差异较小,部分堆积在破碎筛选设备附近[见图4-20(a)];后者主要是用来接受、储存、初步加工处理矿物原料和燃料的场地,场地有专门的厂房和顶棚,规模较大,有专门的运输通道连接露天采场和料场;通常矿石品质中等以上,会集中容纳多种矿石[见图4-20(b)]。

(a)非金属矿矿石堆   (b)非金属矿料场

图 4-20　中转场地

4.2.3.4　固体废弃物

1.废石渣堆

露天开采的矿产资源一般都有一定厚度的风化层或土壤覆盖层,需要先进行上覆地层的剥离,因此在露天采场的周边一般存在大量的早期剥土和开采过程中产生的固体废弃物,包括废石渣堆和排土场。其中,废石渣堆的主要特征可以参考金属矿废石渣堆,其中大型非金属矿露天采场的废石渣堆多就近堆放于露天采场内,甚至与矿石堆相邻,周围有粉碎、筛选的设备;与矿石堆相比,废石渣堆粒径大小不一,且成分不尽相同(见图 4-21)。

图 4-21　非金属矿废石渣堆

2.排土场

由于金属矿开采过程中不需要剥离大量风化层或土壤层,因此排土场一般是非金属矿的主要地质环境特征之一。排土场的主要特征有多级堆放,最下层有挡土墙,场内有排土车辆运输道路等,不会依沟而建,而且通常新建排土场会在矿山开发前提前规划好地点、堆放方量等(见图 4-22)。

在大型露天采场中,常采取在完成矿区内某一侧的开采后,向另一侧剥离、开采,然后将原先的开采区域转变为排土场(称为内排土场),因此往往会出现多个排土场与露天采场共生的情况。

(a)非金属排土场

(b)钼矿排土场

图 4-22 排土场

在野外调查中,排土场易与尾矿库混淆,区分依据在于主要堆积物和含水量,次级判断标准是是否有芦苇等植物生长。堆积物明显只有泥土和废石的属于排土场,并且排土场几乎不会含水,因此不会有芦苇生长。

另外,排土场和废石渣堆的物质组成不能作为定义类型的绝对区分标志,排土场并不一定全部都是土,废石渣堆也不一定全是废石,排土场可能含有废石渣等成分,甚至废石大小、规模都没有严格规定。

3.尾矿库

非金属矿的尾矿库出现情况较少,然而主要的特征类型仍和金属矿尾矿库类似,包括拦挡坝、多级结构等。然而本身不需要浸水处理,因此非金属尾矿库含水率极低,容易和排土场混淆,需要从尾矿渣的物质组成成分、颗粒大小和颜色来进行区分。如图 4-23 所示是河南省两个非金属尾矿库,前者表现出和排土场类似的颜色和纹理特征,通过周围铺设的尾矿运输管道可以将两者区分开;后者已经开始生长芦苇等植被,也可作为区分的标志。

(a)正在使用的尾矿库

(b)废弃的尾矿库

图 4-23 尾矿库

4.2.3.5 工业广场

类同金属矿工业广场。图 4-24 为两种数量较多,特征较突出的非金属矿工业广场:大部分耐火材料制造厂(包括制砖厂)规模属于中等或小型,有简易烧制和加工处理设施;水泥加工厂有典型高耸水泥储存罐,工厂规模属于大型或特大型。

(a)耐火材料制造厂   (b)水泥加工工厂

图 4-24 非金属矿工业广场

4.2.4 露天矿地质灾害

露天矿地质灾害是指由于矿山生产活动导致原有的地质环境发生改变与破坏,诱发的不同类型的地质灾害。河南省矿山地质环境主要类型包括地面形变、滑坡、崩塌、泥石流。

4.2.4.1 滑坡、崩塌

由于露天开采导致植被破坏,边坡岩土工程结构发生改变,在外部环境因素的影响下,容易发生大面积岩块或土地沿着边坡下滑或山体开裂、边坡垮塌等现象,导致滑坡、崩塌等地质灾害(见图 4-25)。

(a)山体崩塌   (b)矿区滑坡

图 4-25 边坡形变

4.2.4.2 泥石流

泥石流是露天矿地质灾害的主要类型之一,也是最严重的地质灾害。矿山开采过程中产生了大量固体废弃物,特别是金属矿和煤矿,由于开采地点通常位于狭长的山谷内,固体废弃物沿沟随意堆放,遇暴雨等极端天气,极易形成泥石流。除此之外,尾矿库的溃坝等问题也是泥石流地质灾害的主要诱因之一。图 4-26(a)是河南省某处由于暴雨冲刷,导致露天堆放的固体废弃物随山谷线发生泥石流灾害,形成的泥石流沟;图 4-26(b)

是河南省某金属矿矿区内一处位于山谷内的泥石流沟,沟内可见大量固体废弃物四处堆放。和图4-26(a)相比,这条泥石流沟流通区宽度较大,沟内物源区废石渣丰富,极易在暴雨条件下反复爆发泥石流灾害。

(a)沿山谷发生的泥石流　　　　　　　　　　　　(b)泥石流近景

图 4-26　泥石流地质灾害

4.3　露天矿地质环境问题遥感解译标志

在河南省露天矿地质环境问题野外识别标志建立过程中,为了便于进一步研究如何建立遥感影像解译标志,根据河南省主要矿物种类的采矿方式,将全部露天矿地质环境问题划分为三大类。每种类别中所包含的要素各有异同,总结起来包括五种,分别是露天采场、中转场地(煤堆、矿石堆、料场)、固体废弃物(排土场、废石渣堆、尾矿库、煤矸石堆、尾矿渣堆)、工业广场、矿山建筑(堆浸场、炼焦厂、冶炼厂、选矿厂)。

本书研究参考河南省露天矿地质环境问题野外识别标志,对比要素所定位的对应位置的国产高分辨率卫星 GF-1 号和 GF-2 号遥感影像,从颜色、色调、纹理等角度,建立河南省露天矿地质环境问题遥感解译标志。

4.3.1　露天采场

河南省露天开采的矿物种类包括几乎全部非金属矿、稀土金属矿物和埋藏较浅的煤矿。露天采场多沿矿脉延伸方向展布,根据类型的不同呈现出不同的地形概况,最外部周围发育有阶梯状剥离台阶,采场内植被稀少或者几乎无植被发育,人为活动与地貌破坏痕迹明显;形状多为团状或不规则条带状,大型露天采场内通常会有采矿专用运输道路,呈亮色调,直接连接采场周围伴生发育的排土场、废石渣堆。另外,部分废弃的露天采场和采坑中多有积水。

非金属矿如铝土矿、水泥用/建筑用灰岩矿、耐火黏土等,由于开采面主要物质成分是采掘剥离产生的第四纪沉积物、泥土、砂石,部分夹杂有岩块,因此开采面影像特征表现为以灰白色、黄褐色、灰黄色、土黄色色调为主,且开采面地表植被一般已被剥离、剔除,影像边界清晰[见图 4-27(a)]。山坡型露天采场通常主体呈现正地形,图斑最外侧一圈出现明显切割破坏痕迹,如图 4-27(b)所示;而凹陷型露天采场主体呈负地形,中心部分为凹陷深采坑,周围环绕层状剥离台阶,如图4-27(c)所示。

(a)郑州市某大型非金属露天采场　　　　　　　(b)山坡型露天采场

(c)凹陷型露天采场

图 4-27　露天采场遥感解译标志

　　露天采场影像的间接解译标志为:采场内发育的专用运输通道,会连接排土场、废石渣堆、中转场地等要素;中大型露天采场中往往会有明显的相关配套开采设备,如碎石机、挖掘机和运输车等。

　　河南省最大的稀土金属矿露天采场是位于洛阳市栾川县境内的露天钼矿采场(见图4-28)。在高分辨率遥感影像上,采场色调灰白、亮白色,无植被发育且呈现负地形,边部有阶梯状剥离台阶发育;场内可见大量专用运输通道密布连接周围的采场、排土场、选矿厂和尾矿库。

　　除此之外,河南省部分铝土矿采用的是前期露天开采,后期转为地下开采的混合作业模式。如图4-29所示,铝土矿的露天采场属于凹陷采场,和其他矿种的露天采场相比解译标志基本相同,最大区别在于阶梯状剥离台阶下部即采场中心影像会接近于煤矿的黑色或深灰色,而整个采场的色调会随着阶梯状剥离台阶向外逐渐变浅,直至变成灰黄色或土黄色普通岩石、土壤颜色。

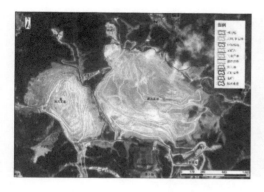

图 4-28　河南省露天钼矿采场遥感解译标志

图 4-29　河南省露天铝土矿采场遥感解译标志

4.3.2　中转场地

4.3.2.1　煤堆

煤堆是经过洗煤厂清洗、浓缩等方式分离出杂质后的精煤堆放的固定地点,以便于运输。在影像上,煤堆呈圆形或者方形,正地形不明显。如图 4-30 所示,大型煤场形状较为规则,纹理单一,堆积面比较光滑;小型煤场则相对比较杂乱。煤堆为明显的深黑色色调,堆放整齐,且与道路相通;纹理细腻且无明显颗粒感,堆积体呈圆锥状;位置常分布于煤矿工业广场、洗煤厂、井架附近。

图 4-30　鹤壁市某采煤厂内露天堆放的煤堆遥感解译标志

4.3.2.2　矿石堆

采矿区中对于中高品位的矿石集中堆放的场所,一般在遥感影像上呈浅灰色调或深色调。其影像纹理特征为斑块状,形状似圆形或半圆形锥状堆积,植被稀少,且与道路相通,一般位于采矿区内较平坦的地方。如图 4-31 所示,矿石堆在遥感影像上与废石渣堆不易区分,需要实地调查才能准确判定。采场内矿石堆周围可见简易粉碎筛选设备。

图 4-31   郑州市某露天采场内堆积的矿石堆遥感解译标志(经过野外验证定位)

4.3.2.3   料场

如图 4-32 所示,料场通常是采矿区中集中储存、转运矿石的场所,在影像上会显示出周边有明显线条状围墙为界。场地内多有厂棚建筑,部分有简易粉碎筛选设备。场地内露天堆放的矿堆在影像上呈圆锥状,在影像上亮度较高,厂棚多为蓝顶或红顶矩形建筑。与其他工业广场或矿山建筑相比,料场的组成结构简单,没有过多复杂的选矿、筛矿建筑和设备,范围较小;一般料场会设置在采矿区附近或选矿厂、冶炼厂周围,临近主要交通运输道路,以便于提高运输效率。

图 4-32   河南省禹州市大型铝土矿中转场地遥感解译标志(包括料场、碎矿场等)

4.3.3   固体废弃物

4.3.3.1   排土场

排土场属于矿山固体废弃物之一。是由于开采矿石产生的附带品,为采矿面上层的第四系覆盖层被开挖堆积、平整而成,一般排放在采矿场附近,部分临时堆放于采场内。

图 4-33 所示的是河南省栾川县钼矿排土场遥感解译标志,和大部分非金属矿排土场类似,排土堆积隆起高出其他地物,造成植被破坏,形状呈圆锥状、梯形状,梯形排土场顶部较平整,排土场顶部或表层常见废石渣堆放或散落铺盖,大多数排土场具有梯状、纹理平滑、与周围背景色调反差的土黄色影像、灰色影像特征。

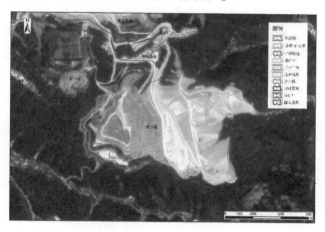

图 4-33　河南省栾川县钼矿大型排土场遥感解译标志

4.3.3.2　废石渣堆

废石渣堆属于矿山固体废弃物之一。废石渣堆多为开采的碎石渣堆积而成,在影像上与排土场的区别是废石渣堆质感粗,堆积体较小,呈现为灰色、灰白色、白色等色调的圆形或半圆形锥状堆积;废石渣堆的空间分布通常会出现在采场或采坑附近,甚至发育在其内,影像纹理多表现为斑块状、月牙状或线状。废石渣堆也常见于治理平整的排土场上,成堆分散堆积(见图 4-34)。

(a)铅锌矿废石渣堆

(b)铝土矿废石渣堆

图 4-34　废石渣堆遥感解译标志

根据 4.2 节内容,废石渣堆与排土场区分的间接解译标志还包括位置和规模大小。依沟出现、规模较小,且无明显车辆运输通道的固体废弃物一般属于废石渣堆;而集中排放,有车辆运输通道,规模较大,纹理平滑的属于排土场。

4.3.3.3 尾矿库

尾矿库常处于山谷,临近矿区,人工痕迹显著,形状近似水库,库内有灰色矿渣。一般有一个或多个比较平直的坝体,靠近尾矿坝一边,库体边缘笔直,与周围地物界线分明,尾坝呈阶梯状逐级排列。非坝体区域边界一般比较圆滑,与周边地形等高线吻合。尾矿库总反射率高于池塘、湖泊等自然水体。如果尾矿库为湿法排渣,湿滩的颜色与水体颜色相近呈镜面影像特征,湿滩的深浅、悬浮物含量不同,色泽和亮度可能会有不同,明显处可见尾矿输送管道。金属矿尾矿库中一般含有大量浅色矿石破碎物,在遥感影像中通常呈现浅灰白色,库内尾砂颗粒均匀。较新的尾矿库无植被或稀疏植被发育,较老的尾矿库会生长诸如芦苇等植被(见图4-35)。

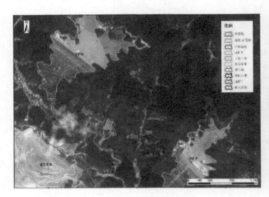

(a)栾川县钼矿大型尾矿库   (b)三门峡市金矿大型尾矿库

图 4-35　尾矿库遥感解译标志

4.3.3.4 煤矸石堆

煤矸石堆属于煤矿固体废弃物。煤矸石堆由块状、碎片、渣状煤矸石堆积而成。煤矿附近常出现煤矸石堆放,形状近似圆锥状且堆积较高,颜色为灰黑色、黑色等,在影像上辨识度较高,表现为圆形黑斑或不规则状黑斑,无植被发育,呈现明显正地形,边缘类圆弧,规模大小不一且位置分散。同时,虽然煤矸石堆多出现在煤堆附近,但是前者的纹理较之后者更为粗糙,呈现出明显的块粒大小不一的现象(见图4-36)。

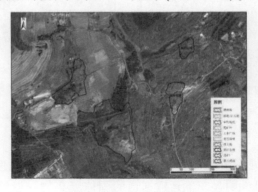

图 4-36　煤矸石堆遥感解译标志

4.3.3.5　尾矿渣堆

尾矿渣堆位于尾矿库附近,呈堆积状,颗粒均匀,不同于其他固体废弃物。通常影像颜色呈现白色或灰白色,植被发育较少(见图4-37)。

图 4-37　金矿尾矿渣堆遥感解译标志

4.3.4　工业广场

这里的工业广场包括除堆浸场、炼焦厂/冶炼厂、选矿厂、中转场地外的其他各种支撑矿山生产系统和辅助生产系统的各种地面建筑物、设备以及相关交通动力设施。通常工业广场位于地势平坦的城镇或村庄附近,大型工业广场会分布在主要的矿业城市中,且和主要国家公路、铁路干线相接。如图4-38所示,影像边界清晰、轮廓规整,可见大型建筑设施,建筑颜色常为蓝色,整体颜色根据主要矿物类型不同而有所区别。

图 4-38　河南省禹州市某大型工业广场遥感解译标志(毗邻国道)

大型煤矿和金属矿的工业广场,包含采矿井架、临时堆放的矿堆、储矿仓、生产厂房等,工矿建筑分布相对稀疏,建筑长宽比大于普通居民地[见图4-39(a)];小型工业广场一般四周被农田、植被等包围,临近其他矿业活动要素[见图4-39(b)~(d)]。

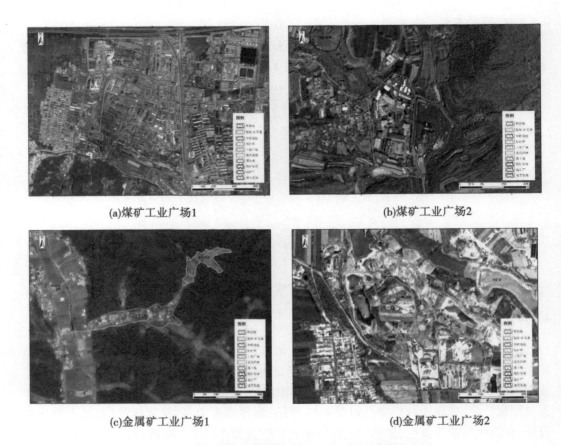

(a)煤矿工业广场1

(b)煤矿工业广场2

(c)金属矿工业广场1

(d)金属矿工业广场2

图 4-39　河南省典型煤矿/金属矿工业广场遥感解译标志

4.3.5　矿山建筑

4.3.5.1　堆浸场

由 4.2.2 节可知,堆浸场主要由下部的低品位矿石堆和上部布设浸润设备的场所组成。因此,堆浸场在影像上会呈现出矿石堆/废石渣堆和工业广场两种类型要素的混合(见图 4-40)。根据堆浸场规模的大小不同,其影像特征往往会呈现出偏向矿石堆/废石渣堆或是偏向工业广场,给实际的解译工作造成干扰。

因此,堆浸场的解译需要借助间接解译标志,即堆浸场所处的位置与周围其他环境要素之间的相对关系。堆浸场属于金属矿的选矿场所之一,为了节约运输成本,一般不会远离金属矿山。同时,由于河南省金属矿主要分布于沟谷之中,沟谷之中的小分支地形地貌条件便于建造堆浸场,因此大多数堆浸场分布于金属矿山所在的沟谷内的各条分支部分。

堆浸场作为矿山加工、储存系统,根据矿山地质环境问题要素分类,可以划分为工业广场。为了保证解译精度,可以在建立解译类别体系的时候,将堆浸场归类于工业广场。

4.3.5.2　炼焦厂/冶炼厂

冶炼厂多位于城镇、村镇附近,规模较大,工厂厂房规则,在影像上可见冶炼设备、水

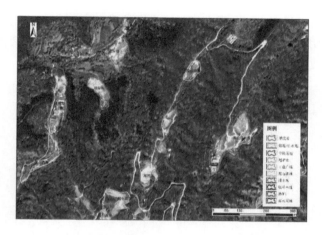

图 4-40　河南省三门峡市铅锌矿堆浸场遥感解译标志

泥仓、烟囱、矿石堆积等标识物。颜色常呈深色、灰色、白色。有些大型的冶炼厂内包含有独立发电厂,以保障冶炼厂的正常生产活动,因此会有典型火力发电中排出尾气的烟囱,或者风力发电用风力发电机组等[见图 4-41(a)]。如图 4-41(b)所示,煤矿炼焦厂周围还会有煤堆和煤矸石堆积,厂区规模较大,整体颜色呈黑色、深灰色。

(a)冶炼厂

(b)炼焦厂

图 4-41　炼焦厂/冶炼厂遥感解译标志

4.3.5.3　选矿厂

　　选矿厂多靠近采矿区修建,位于地势平坦处或沿山坡阶梯排列,常呈现工矿企业的影像特征,建筑结构简单,顶棚覆盖面积大。大型矿山选矿厂会就近在矿山附近选址,靠近水源和尾矿库;洗煤厂通常会在厂内或附近设置有大量洗煤池,洗煤池呈黑色矩形。除此之外,选矿厂内多见选矿机械设备和临时堆放的矿石堆,周围可能设置有专门的料场以便矿石储存、转运。如图 4-42(a)、(b)所示是选煤厂和洗煤厂的遥感解译标志,两者共同点在于都有大量煤矿处理设备,厂区内由于现在或者以前堆放过煤矿导致图斑整体呈现黑色,且附近有煤矸石堆存在;不同点在于后者有独特的黑色矩形洗煤池,从而可以根据这个特点将两个图斑进行区分。如图 4-42(c)、(d)所示是两种金属矿选矿厂的遥感解译标志,可以看出金属矿选矿厂拥有明显的矿石处理设施和建筑,其建筑密度小于住宅用地,且长宽比大于住宅用地;同时,金属矿选矿厂毗邻尾矿库,并有道路连接,便于选矿产生的尾矿渣的运输和排放。

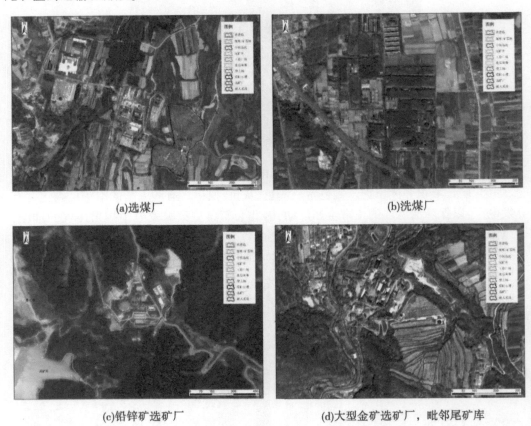

(a)选煤厂

(b)洗煤厂

(c)铅锌矿选矿厂

(d)大型金矿选矿厂,毗邻尾矿库

图4-42 河南省露天矿工业广场遥感解译标志

4.3.6 地质灾害

4.3.6.1 滑坡

滑坡影像标志通常表现为:形状呈现出簸箕状、舌形、弧形和不规则形等;滑坡壁色调较浅,通常无植被或少量植被发育,呈现灰白色,此外还能见到明显的滑坡台阶、封闭洼地、滑坡舌和滑坡裂隙等;滑坡体后缘发育有弧形异常,前缘边坡向低谷凸出,伴生有地形微突。通常滑坡影像解译的间接标志还包括杂乱树林,比如马刀树或醉汉林。滑坡影像解译还可以结合区域地质构造、地层岩性条件和水文条件等辅助信息进行综合评判。通常地质构造剧烈、断层发育程度高、岩性脆弱等区域都易发生滑坡地质灾害(见图4-43)。

4.3.6.2 崩塌

如图4-44所示,崩塌一般发生在节理发育、岩性坚硬的陡峻山坡与峡谷陡岸上,总体影像纹理粗糙,崩塌体后缘发育有带状分布的陡峭山崖与绝壁,坡度和高度明显大于滑坡壁,上陡下缓,同时崩塌整体颜色与岩性有关,但多呈现浅色调不规则斑块,常常成群成带地在一个区域中集中出现,一般无植被发育。

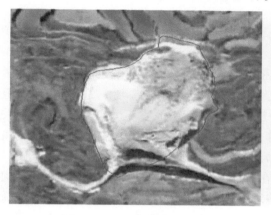

图 4-43　滑坡遥感解译标志

图 4-44　崩塌遥感解译标志

4.3.6.3　泥石流

　　矿山泥石流地质灾害主要成因是位于沟谷内的矿山固体废弃物在大量降水的冲刷下,顺沟谷发育方向倾泻而形成,冲刷侵蚀沿途中的农田、房屋、公路等,堆积于沟口开阔处。泥石流形成时间和保存时间短,堆积物常被流水搬运,影像难以直接判断,但可以通过泥石流形成区及流通区的地形地貌特征进行解译分析。一般来说,泥石流及其堆积物在遥感影像上显浅色色调,沿沟谷呈长条状分布,于沟谷出口处形成扇状堆积体。同时,流通区多发育宽窄不一,规模不等的沟槽、河段和干沟,影像结构粗糙(见图 4-45)。除此之外,失稳的排土场或者溃坝破堤的尾矿库同样易形成泥石流地质灾害,但其影像特征与沟谷泥石流类似。

图 4-45　泥石流遥感解译标志

4.4 露天矿地质环境解译标志体系及工作方法研究

4.4.1 露天矿地质环境解译标志体系

本书研究采用的是 GF-1 号(2 m 分辨率全色波段,10 m 分辨率多光谱波段融合影像)和 GF-2 号(1 m 分辨率全色波段,2 m 分辨率多光谱波段融合影像)高分辨率遥感卫星影像。在高分辨率的遥感影像上,可以分辨出各类露天矿地质环境问题,包括露天采场、排土场、矿山建筑、尾矿库等位置、范围等,甚至对小规模的中转场地、固体废弃物堆场等都能够有一定的识别能力。但是,对于金属矿和煤矿而言,由于开采的井架、井口、硐口、或规模过小,或被山体、植被遮挡,导致无法在遥感影像上识别,只能通过有无明显人为扰动迹象、负地形、植被、采矿使用道路、废石渣堆堆积位置、选矿厂或尾矿库等标志间接确定采矿的实际位置,并且还需经过实地调查才能最终确认。如图 4-46 所示为河南省露天矿地质环境解译标志体系,结合 4.2 节和 4.3 节的研究内容,建立河南省露天矿地质环境解译标志体系。

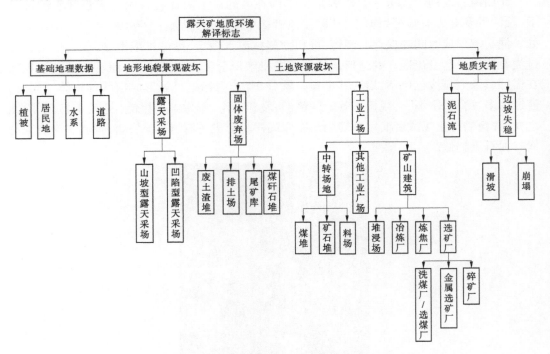

图 4-46 河南省露天矿地质环境解译标志体系

4.4.2 露天矿地质环境解译工作方法

本书研究采用的露天矿地质环境解译工作方法技术路线,如图 4-47 所示。

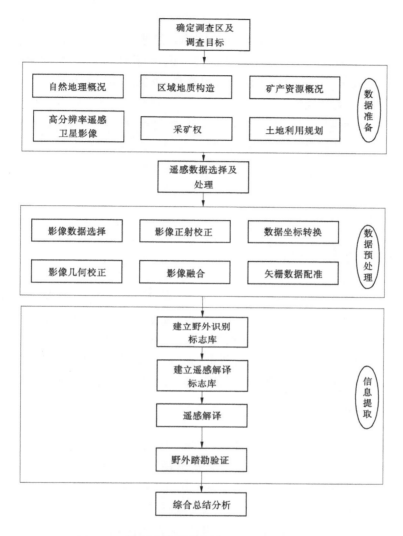

图 4-47 露天矿地质环境解译工作方法技术路线

（1）矿区资料收集。具体包括高分辨率影像的收集、资料的收集（自然地理、区域矿产概况资料及矿区开采和地学研究资料）、采矿权矢量资料、区域土地利用规划资料、数字高程模型。

（2）遥感数据处理。具体包括遥感影像、采矿权矢量资料、区域土地利用规划资料数据整理检查、统一坐标系统、遥感影像配准、影像融合、正射校正等。

（3）野外调查。建立露天矿地质环境要素野外识别标志。根据遥感影像数据波段组合所反映的目标地物和研究区的地质地理资料，结合采矿权矢量资料，选取合适的初步野外调查区域，根据露天矿地质环境要素分类，拍摄每个要素类别野外照片，建立野外识别标志库。

（4）建立遥感解译标志库。对照初步野外调查记录，结合高分辨率遥感影像，通过定性的人机交互方式和统计聚类的方法,建立遥感解译标志库。根据《矿产资源开发遥感监测技术要求》(DD 2011—06)的规定,对于图面长度小于 1 cm,面积小于 4 mm² 的地质要素、矿产资源要素、地质环境要素等不予解译标识,因此在建立遥感解译标志库的时候,需要根据调查区的矿产资源资料、采矿权矢量资料、收集的遥感卫星影像分辨率和实际需求判断可以解译的要素类别。

(5)选取合适的解译方法(人机交互、监督分类、非监督分类、面向对象高分辨率影像分类),根据建立的遥感解译标志库,对解译区域进行露天矿地质环境要素解译。

(6)野外踏勘验证。具体调查内容包括制作外业调查图表、规划野外踏勘路线并进行野外实地踏勘,修改不完全符合实地情况的解译结果。

(7)综合总结。

4.5　解译标志体系评价

为了检验和评价前述所建立的露天矿地质环境解译标志体系,根据露天矿地质环境解译工作方法,采用了野外踏勘核查验证的方法,通过统计核查遥感解译成果的正确率来修正或补充遥感解译标志体系,从而客观评价前述所建立的露天矿地质环境解译标志体系的实用性和泛用性。本书选择了河南省部、省、市三级矿权区作为研究区,选择资料核查验证和现场核查验证两种形式展开此次露天矿解译标志体系核查验证工作。

4.5.1　露天矿地质环境问题核查点确定

根据露天矿地质环境解译标志体系,基于 2016~2017 年度国产高分辨率遥感卫星影像——GF-1 号和 GF-2 号,通过人机交互目视解译,对河南省部、省、市三级矿权区内的各种地质环境问题进行了地物要素信息提取。为充分合理地选择核查验证点的同时节约人力、物力,本书收集了河南省各市 1∶5 万矿山地质环境调查成果和近两年的露天矿地质环境遥感地质调查野外验证成果。通过对比验证 2016~2017 年度解译成果和历史野外核查验证资料,首先筛选出一部分能够直接确定类别属性的图斑;对于历史解译成果上出现而本次解译成果中未出现的图斑,通过查阅野外验证成果,对这部分图斑进行甄别归类,并根据露天矿地质环境解译标志体系确定属性;对于本次解译成果中出现的新图斑采用全部现场核查验证的方式进行。

基于以上原则,最终共确定野外核查验证 4 973 处,占总解译个数的 40.53%,资料核查 5 944 处,占解译个数的 48.44%,总体核查率 88.97%,核查正确率 80.86%(见表 4-3)。在对全省矿山地质环境动态进行野外核查验证的同时,对生产矿山地质环境自主监测网建设及运行情况进行了访问调查核查。

表 4-3　矿山地质环境要素核查情况统计

序号	种类	图斑数（处）			验证率（%）	正确率（%）
		总数	核查数	正确数		
1	露天采场	5 696	5 304	4 343	93.12	81.88
2	工业广场	2 990	2 484	2 209	83.08	88.93
3	废石渣堆	1 238	1 081	660	87.32	61.05
4	煤矸石堆	510	469	404	91.96	86.14
5	排土场	446	393	308	88.12	78.37
6	尾矿库	414	316	243	76.33	76.90
7	选矿厂	915	820	624	89.62	76.10
8	冶炼厂	61	50	37	81.97	74.00
	小计	12 270	10 917	8 828	88.97	80.86

4.5.2　露天矿地质环境解译标志核查

（1）露天采场。一般呈浅色调、基岩裸露、无植被、存在陡坎等与周围环境相区分，附近分布有排土场、废石渣堆，且有道路相通（见图 4-48）。经核查，解译建立的解译标志具有普遍适用性，解译标志准确。

(a)露天采场解译标志　　　　　　　　　**(b)现场核查**

图 4-48　露天采场解译标志及现场照片

（核查点经度：113°06′52.00″E，纬度：34°07′30.00″N，矿权：河南天广水泥有限公司采石厂）

（2）工业广场。一般分布有各类工业房屋建筑等特征（见图 4-49），所建立的解译标志对于分布于山区、距离居民集聚区较远的工业广场具有普遍适用性，但对于部分位于居民集聚区内或附近的工业广场，由于影像特征与居民集聚区特征相近，解译标志适用性差，易造成解译偏差、图斑大小不准等问题。

（3）选矿厂。一般分布在交通便利的区域，具有工业建筑等特征（见图 4-50），确定的解译标志具用普遍适用性，解译标志准确。

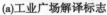

(a)工业广场解译标志　　　　　　(b)现场核查

图 4-49　工业广场解译标志及现场照片(采煤厂)

(核查点经度:113°20′30.00″E,纬度:34°22′30.00″N,矿权:登封市豫安煤业有限公司)

(a)选矿厂解译标志　　　　　　(b)现场核查

图 4-50　选矿厂解译标志及现场照片

(核查点经度:113°10′49.52″E,纬度:33°48′30.92″N,矿权:平顶山市香安煤业有限公司)

(4)排土场。一般呈浅色调、正地形、表面较为平整、前缘具有规则边坡与周围环境相区分等特征(见图 4-51),建立的排土场解译标志对于新形成的排土场具有普遍适用性。对于已经废弃、已经自然绿化的排土场易造成解译错误。

(5)废石渣堆。一般以浅色调斑点状、正地形为特征(见图 4-52)。建立的废石渣堆解译标志对于新形成的废石渣堆具有普遍适用性。对于已经废弃、自然绿化、其他工程活动堆积而成的废石渣堆易造成解译错误。

(6)煤矸石堆。一般色调较深,呈锥形正地形分布,煤矸石堆属于煤矿固体废弃物。煤矸石堆为块状、碎片、渣状矸石山积而成(见图 4-53)。确定的解译标志具用普遍适用性,解译标志准确。

(7)尾矿库。一般无积水区域为浅色调、积水区域呈深色调、沿沟谷或山坡分布,前缘具有规则的台阶边坡及集水坑、具有截水沟渠等特征(见图 4-54)。确定的解译标志对于正在使用的尾矿库具有普遍的适用性,解译标志准确,但对于已经废弃、自然或人工绿化的尾矿库易造成解译错误。

● GPS点　　　——— 图斑边界　　　——— 矿权边界

(a)排土场解译标志　　　　　　　　　　　　(b)现场核查

图 4-51　排土场解译标志及现场照片

（核查点经度：113°5′56.807″E，纬度：34°42′7.603″，矿权：中国铝业股份有限公司小关铝矿）

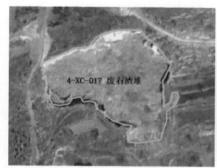

(a)废石渣堆解译标志　　　　　　　　　　　　(b)现场核查

图 4-52　废石渣堆解译标志及现场照片

（核查点经度：113°18′43″E，纬度：34°22′28″，矿权：禹州市实德矿产品有限责任公司实德石料厂）

(a)矸石山解译标志　　　　　　　　　　　　(b)现场核查

图 4-53　矸石山解译标志及现场照片

（核查点经度：113°25′07.00″E，纬度：33°49′13.00″N，矿权：河南平宝煤业有限公司首山一矿）

(a)尾矿库解译标志　　　　　　　(b)现场核查

图 4-54　尾矿库解译标志及现场照片

（核查点经度：113°53′16.86″E，纬度：34°09′33.69″N，矿权：林州重机矿业有限公司石村铁矿）

（8）冶炼厂。一般呈浅色调、具有工业建筑、形状规则等特征（见图 4-55），由于与一般的工业厂房具有相同的分布特征，确定的解译标志对于冶炼厂适用性一般，易造成解译错误。

(a)冶炼厂解译标志　　　　　　　(b)现场核查

图 4-55　冶炼厂解译标志及现场照片

（核查点经度：113°26′18.10″E，纬度：35°22′21.54″N，矿权：中铝中州铝业有限公司）

　　总体而言，通过资料验证和野外现场核查验证，本书研究建立的露天矿地质环境解译标志体系成功地应用于河南省矿山地质环境遥感地质调查中，在整体核查率达到 93.89%的情况下，获得了 80.86%的总体核查正确率，证明了露天矿地质环境解译标志体系的实用性和准确性。同时，通过野外核查验证也可以发现该解译标志体系仍存在部分不足，比如对于位于居民聚集区内或附近的典型矿山建筑、工业广场与普通建筑区分度较低，对于已长期废弃长草或已经自然绿化的排土场和废石渣堆、尾矿库也易出现漏分。尽管如此，该解译标志体系对于特征区分度大、成分单一的矿山地质环境要素的识别仍能起到巨大的指导作用，能促进矿山地质环境遥感地质调查的效率和准确度的提高。

第5章　露天矿地质环境要素信息遥感提取

5.1　基于集成学习的矿区信息提取

5.1.1　基于 ESP 的露天矿地质环境要素信息提取

ESP 算法是一种通过计算影像整体对象内部均质性的局部方差变化,来寻找最优对象分割尺度参数的方法。树型模型分类器一直是影像分类模型研究的重点,基于最优分割结果和树型分类器,研究面向地理对象影像分析(Geographic Object-based Image Analysis,简称 GEOBIA)十分有意义。

如图 5-1 所示,豫中登封—新密—禹州研究区采用的是 GF−2 号高分辨率遥感卫星影像,研究区内存在的主要地质环境问题要素包括:露天采场、选矿厂、煤矸石堆、排土场、废石渣堆、工业广场、尾矿库和中转场地。本节将整个研究区划分为训练区和测试区两部分,以训练区的数据来训练分类器模型,然后用测试区的数据进行测试。

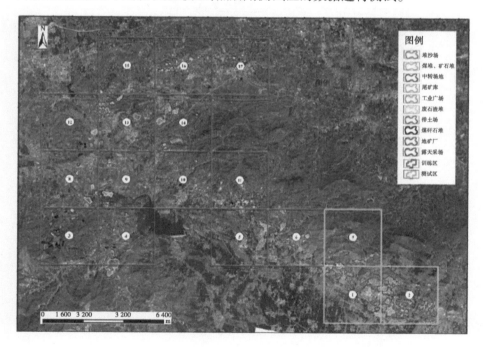

图 5-1　豫中登封—新密—禹州研究区训练及测试区域示意图

本节结合三种树型模型算法和面向对象思路,对豫中登封—新密—禹州研究区露天矿地质环境要素进行信息提取,并对比分析三种树型模型对同一测试区域的信息提取效果,以期寻找出分类精度最高的模型。为了实现这个目标,本节设计了三组试验来解决以下问题:①确定每个模型在这个试验中的最佳模型参数;②确定每个模型在地质环境要素信息提取中的应用效果;③确定特征参数对于信息提取的重要性排名。本节研究主要使用的数据分析处理工具包括 IBM SPSS Statistics 21、ArcGIS 10.3.2、Matlab R2014、ENVI 5.3 和 eCognition Developer 9.2。基于 ESP 最优分割参数选择法的多源数据协同信息提取流程如图5-2 所示。

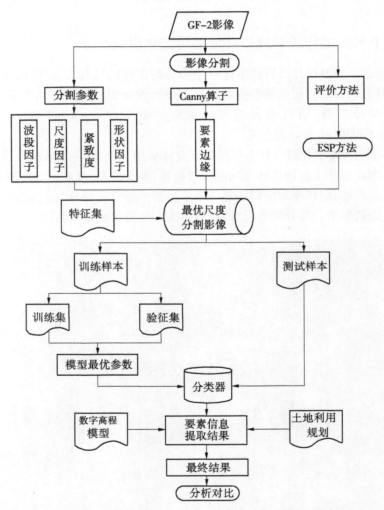

图5-2　基于 ESP 最优分割参数选择法的多源数据协同信息提取流程

5.1.1.1　基于 Canny 算子的影像多尺度分割

(1)基于 Canny 算子的边缘检测算法。

边缘检测算法是一种常见的图像分割算法,利用目标对象的边界灰度值和影像背景之间存在的差异,对影像进行求导并计算各个像素及灰度阶跃变化的区域,导数数值最大的地方即为对象的边缘。目前,最通用的边缘提取算法是梯度算法和拉普拉斯算法(Laplacisan of Gaussian,简称 LOG),常用的算子模板包括 Sober 算子、Robert 算子、Prewitt 算子、Canny 算子等。

本节研究在 Matlab R2014 中使用 edge 函数对影像进行边缘检测,并选择 Canny 算子作为检测算子对整个研究区进行边缘检测。从图 5-3(a)中可以看出,地物的轮廓基本被很好地检测出来。在 Matlab 中将 Canny 算子检测出的边缘数据存储为 Tiff 格式并对其定义投影,然后将其作为单个图层与 GF-2 影像的四个波段数据一起参与影像分割。图 5-3(b)为 GF-2 影像中住宅用地与 Canny 算子计算结果叠加图,可以看出 Canny 算子对于住宅用地的轮廓区分度很高。

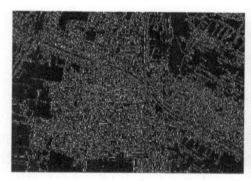 

(a)Canny 边缘检测结果   (b)住宅用地影像与 Canny 边缘检测叠加

图 5-3   Canny 边缘检测算法结果

(2)ESP 法寻找最优分割尺度。

为便于提高运算效率,将研究区裁剪为 4 500 m×4 500 m 大小的 17 块影像,并采用 ESP 法寻找最优尺度参数;设置步长为 10,分割范围为 200~700,光谱因子为 0.3,紧致度为 0.5,分别计算每块影像,得到 ESP 随尺度变化图,其中局部方差 LV 会随着分割尺度的增加而上升,根据 3.3.3 节中关于 ESP 计算方法的分析,ROC_LV 变化率达到极值点处即为最优分割尺度值。图 5-4 中展示的是第 2 块影像的 ESP 参数变化图,图中 ROC_LV 极大值点相对应的分割尺度为 230、280、290、370、390。

由于露天矿地质环境问题要素,例如废石渣堆面积、规模较小,适合小的尺度进行分割,因此对于每块影像都选择第一极大值点作为最优分割参数,每块影像的最优分割尺度见表 5-1。

表 5-1   研究区每块影像最优分割尺度

序号	1	2	3	4	5	6	7	8	9
最优分割尺度	220	230	230	230	240	260	220	230	220
序号	10	11	12	13	14	15	16	17	
最优分割尺度	260	250	230	230	250	250	280	230	

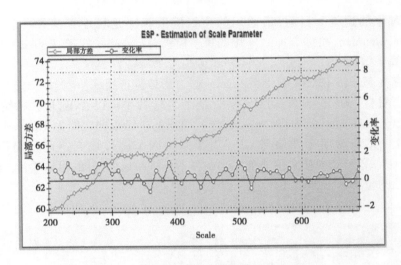

图 5-4　ESP 参数变化图

(3)最优参数多尺度分割。

将基于 Canny 算子计算得到的研究区边缘检测结果,作为单个图层与 GF－2 影像一起参与到影像分割试验中,为 Canny 算子边缘检测结果数据层赋权重值为 3,GF－2 影像 4 个波段权重值赋为 1,光谱因子设为 0.3,紧致度设为 0.5,最后加入野外调查获得的露天矿地质环境问题要素分布矢量作为参考图层,按照表 5-1 中计算得到的最优分割尺度参数,得到每块影像的分割结果图。如图 5-5 所示为 Canny 算子辅助多尺度分割对比,可以看出加入了 Canny 算子的影像分割结果对于地物实际边缘轮廓的识别更加准确。

　　　(a)Canny 算子未参与分割　　　　　　　　(b)Canny 算子参与分割

图 5-5　Canny 算子辅助多尺度分割对比

5.1.1.2　样本及特征选择

将分割的结果合并为一个矢量图层,并根据 GF－2 高分辨率融合影像和露天矿地质环境问题要素野外调查结果,对每个分割单元进行赋值。如图 5-6 所示,整个试验区共有 18 种地质环境要素,包括草地、耕地、工矿仓储用地、交通运输用地、林地、水域及水利设施用地、园地、住宅用地、其他用地(包括裸土地、空闲地、沙地等)、特殊用地(包括风景名胜设施、军事、宗教设施用地等)、露天采场、选矿厂、煤矸石堆、排土场、废石渣堆、工业广场、尾矿库和中转场地,并且如图 5-1 所示将整个研究区划分成训练区域和测试区域两部分。

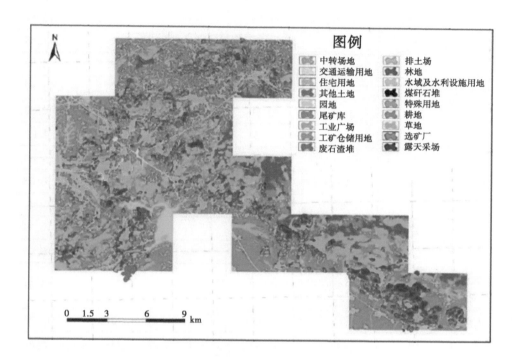

图 5-6 河南省豫中登封—新密—禹州研究区地质环境要素分布

对每种地质环境要素所包括的分割单元进行分类统计,统计结果显示包含分割单元较少的类别有特殊用地(18 个)、园地(21 个)、选矿厂(12 个),同时这三种要素总面积分别为 $168 \times 10^3 \ m^2$、$197 \times 10^3 \ m^2$、$166 \times 10^3 \ m^2$,与其他要素类别比在整个研究区中所占比例偏少,因此为了提高信息提取精度,需要将这三种要素与类似的要素类别进行合并。因此,将草地、林地、园地合并为植被,以降低大面积相似度极高的各类植被覆盖对于信息提取精度的影响;根据要素性质相似的原则,将其他土地、特殊用地合并为裸地;根据 4.4 节所介绍的露天矿地质环境解译工作方法,将中转场地、选矿厂、工业广场合并为工业广场,最后确定待提取的地质环境要素包括植被、水域及水利设施用地、住宅用地、交通运输用地、裸地、工矿仓储用地、露天采场、排土场、尾矿库、废石渣堆、煤矸石堆、工业广场、耕地共 13 类。研究区 1 地质环境要素数据统计如表 5-2 所示。

高分辨率遥感卫星影像中,不同类型的地物类别结构、材质、纹理不同,并且各类地物互相混杂交错,对地物信息提取造成干扰。针对高分辨率遥感卫星影像中地物类别的复杂多样性和研究区 1 的 GF-2 影像特征,本节研究从光谱特征、几何特征、纹理特征及空间特征四个方面选择了 33 个特征因子建立特征因子集参与分类器模型建立。特征参数汇总如表 5-3 所示。

表 5-2　研究区 1 地质环境要素数据统计

类别	计数	总面积 （×10³ m²）	平均值 （×10³ m²）	最大值 （×10³ m²）	最小值 （m²）	标准差 （×10³ m²）
草地	3 225	47 923	14.86	180	3	13.54
废石渣堆	171	2 168	12.68	67	1	11.38
耕地	12 977	165 437	12.74	253	1	12.22
工矿仓储用地	720	8 397	11.66	94	1	11.87
工业广场	314	3 299	10.51	100	1	12.82
交通运输用地	216	2 084	9.65	74	205	9.17
林地	1 898	31 186	16.43	151	24	14.88
露天采场	1 247	14 613	11.72	71	1	10.65
煤矸石堆	41	389	9.50	39	466	7.49
排土场	37	398	10.76	71	555	12.73
其他土地	50	573	11.47	44	817	10.16
水域及水利设施用地	729	9 568	13.12	169	1	15.81
特殊用地	18	168	9.35	36	1 013	10.25
尾矿库	39	407	10.44	28	144	7.26
选矿厂	12	166	13.86	30	3 051	9.07
园地	21	197	9.41	23	18	6.92
中转场地	567	5 394	9.51	76	1	9.90
住宅用地	4 368	51 867	11.87	120	1	11.78

5.1.1.3　模型参数构建

（1）分类与回归树。

如 3.3.3 部分所介绍的，CART 模型的分类精度提升主要依赖于模型建立后，通过剪枝算法进行的剪枝优化。剪枝算法能够预先减少那些在模型建立中并不重要的那部分搜索路径，从而避免出现过拟合现象。本书研究采用的剪枝算法属于后剪枝算法中的一种，其基本思想是使用训练集来生成决策树，并将该树与训练集一起修剪，而不需要独立的修剪集。为了修建生长完全的决策树，算法会删除不必要的分支节点，并用叶节点代替。如果叶节点不是原始子树，且模型的预测精度因此提高，则用此叶节点代替原始子树，否则恢复原始子树。

在设置 CART 模型的训练参数时，将最小剪枝次数设置为 1，最大剪枝次数设置为 100，每次增加步长设置为 1，每次循环运行 10 次以计算平均重代入误差和平均交叉验证误差。最终的误差变化曲线如图 5-7 所示，交叉验证误差的变化表明 CART 模型在剪枝次数设置为 59 时,具有最高的分类准确度。

表 5-3　特征参数汇总

特征类别	特征参数
光谱特征	各波段灰度平均值(Total、Mean Layer 1、Mean Layer 2、Mean Layer 3、Mean Layer 4)、各波段灰度标准差(Total、Standard deviation Layer 1、Standard deviation Layer 2、Standard deviation Layer 3、Standard deviation Layer 4)、亮度值(Brightness)、归一化植被指数(NDVI)、最大差分(max diff)
几何特征	长宽比(Length/Width)、密度(Density)、紧致度(Compactness)、形状指数(Shape index)、矩形拟合度(Rectangular Fit)、不对称性(Asymmetry)、边界指数(Border index)、圆度(Roundness)
纹理特征	基于灰度共生矩阵(GLCM)的同质性(Homogeneity)、对比度(Contrast)、相异度(Dissimilarity)、熵(Entropy)、均值(Mean)、标准差(Std Dev)、相似度(Correlation)、基于灰度差分矢量矩阵(GLDV)的熵(Entropy)、均值(Mean)、对比度(Contrast)
空间特征	距工矿仓储用地距离、邻域接触关系

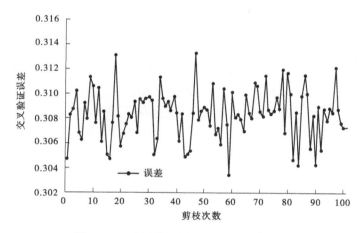

图 5-7　CART 模型交叉验证误差变化曲线

(2)随机森林。

随机森林算法采用的是与 Bagging(Bootstrap aggregating)算法类似的重复采样方法来产生多个训练集。随机森林算法在构建决策树的时候,采用随机选取分裂属性集的方法,从整个训练区数据集中选择 2/3 大小的训练样本集,余留的 1/3 数据作为袋外数据(Out－Of－Bag,简称 OOB)来估算随机森林算法的学习能力,这个过程被称作 OOB 估计;重复这个过程 ntree 次,最后利用生成的 ntree 棵决策树的预测结果进行投票选择最终的分类结果。除此之外,随机森林中单棵决策树的分类精度还受到了随机抽样的属性集维度 mtry 的影响,即单次从全体特征集中随机抽取的特征因子数目和类别,通常 mtry 等于特征因子总数的开方。为了获取最佳的模型参数 ntree，本书研究采用了 Matlab 中 Random Forest 算法包。森林中决策树的数目变化范围设置为 10～500，步长为 50。最终的分类精度如图 5-8 所示，最终的结果显示，当决策树的数目设置为 850 时，随机森林模型的分类精度最高。

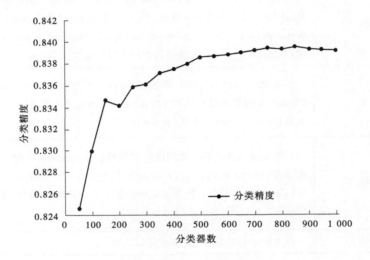

图 5-8　RF 模型分类精度

（3）旋转森林。

根据旋转森林模型的基本结构组成介绍，本节使用了 Matlab 中的 CART 模型算法包来构建旋转森林模型的主要函数。和随机森林模型类似，旋转森林模型受到两个关键参数的影响：M 代表了单棵决策树中随机挑选的因子集数目，L 代表了整个森林里面决策树的数目。本书研究所构建的特征集包括 33 个特征因子，因此 M 的值设置为从 5 到 14，步长为 1。此外，决策树数目 L 的值设置为 5～50，步长为 5。最终的交叉验证误差变化如图 5-9 所示，坐标轴 X 代表了决策树的数目，坐标轴 Y 代表了单棵决策树中的特征因子数目，坐标轴 Z 代表了模型的交叉误差。最终的结果显示，当 M 为 7 且 L 为 45 时，旋转森林模型拥有最低的交叉误差。

5.1.1.4　模型评价

基于 5.1.1.3 的结论，利用得到的最优模型参数，选择图 5-1 中的训练区域构建训练集，并以图中测试区域构建测试数据集，分别使用 3 种树型模型分类器进行露天矿地质环境要素信息提取，最终得到 3 种不同的模型的分类结果。得到信息提取的结果后，对其结果进行评价，以确定分类的精度和可靠性，目前有两种方式用于分类精度验证：①混淆矩阵；②ROC 曲线。本节采用混淆矩阵来进行精度验证，评价精度的指标包括混淆矩阵、总体分类精度、Kappa 系数、每类图斑的制图精度和用户精度。

（1）混淆矩阵（Confusion Matrix）。

混淆矩阵即分类结果误差矩阵（Error Matrix），是表示精度评价的一种标准格式，主要用于表示分类结果和实际值的比较矩阵。通常，混淆矩阵的每一列代表预测类别，每一列的数据总数表示预测为该类别的数据的数目；每一行代表数据的真实归属类别，每一行

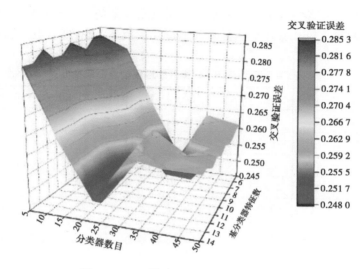

图 5-9　ROF 模型交叉验证误差变化

的数据总数表示该类别的数据实例的数目。除用像元总数来统计外,还可以用百分比来表示。

（2）总体分类精度（Overall Accuracy）。

总体分类精度（Overall Accuracy）表示所有被正确分类的像元总数对总像元数的比值。被正确分类的像元数目沿混淆矩阵的对角线分布,总像元数等于所有实际值的像元总数。

$$Overall\ Accuracy = \sum_{i=1}^{n} P_{ii}/N \times 100\% \tag{5-1}$$

式中　N——样本总数;

　　　P_{ii}——混淆矩阵对角线上第 i 类的分类正确样本数。

Kappa 系数（Kappa Coefficient）是通过把所有真实参考的像元总数（N）乘以混淆矩阵对角线（XKK）的和,再减去各类中真实参考像元数与该类中被分类像元总数之积之后,再除以像元总数的平方减去各类中真实参考像元总数与该类中被分类像元总数之积对所有类别求和的结果,即

$$Kappa = \frac{N \sum_{i=1}^{n} (P_{i+} - P_{+j})}{N^2 - \sum_{i=1}^{n} (P_{i+} - P_{+j})} \tag{5-2}$$

式中　N——样本总数;

　　　n——分类后对象总数;

　　　P_{i+}——行总数:

　　　P_{+j}——列总数。

据统计,豫中研究区测试区域包含 11 个地质环境类别,除排土场、煤矸石堆外,训练区的其他所有类别都被包含在测试区中（植被 K1、水域及水利设施用地 K2、住宅用地

K3、交通运输用地 K4、裸地 K5、工矿仓储用地 K6、露天采场 K7、尾矿库 K8、废石渣堆 K9、工业广场 K10、耕地 K11），采用混淆矩阵和 Kappa 系数作为模型的验证的评价指标，结果见表5-4 ~ 表5-6。

表5-4　基于 CART 分类器的地物信息提取精度

类别	K1	K2	K3	K4	K5	K6	K7	K8	K9	K10	K11	总数
K1	3376	0	72	6	49	15	72	6	7	13	108	3 724
K2	26	20	0	0	1	0	49	1	0	3	0	100
K3	16	0	303	12	9	7	42	0	1	80	2	472
K4	16	0	2	125	7	1	8	0	1	6	0	166
K5	29	0	3	3	32	1	164	4	6	8	4	254
K6	3	0	0	0	2	0	27	1	0	3	0	36
K7	3	1	2	1	14	2	246	2	3	18	0	292
K8	0	0	0	0	0	0	0	0	0	0	0	0
K9	0	0	0	1	1	0	2	0	0	0	0	4
K10	3	0	20	3	4	1	23	0	4	74	0	132
K11	76	0	1	0	15	1	42	1	1	3	92	232
总体精度（%）	79											
总体 Kappa 系数	0.60											

表5-5　基于 RF 分类器的地物信息提取精度

类别	K1	K2	K3	K4	K5	K6	K7	K8	K9	K10	K11	总数
K1	3 524	0	67	5	56	14	81	6	9	12	13	3 787
K2	3	17	0	0	0	0	5	0	0	1	0	26
K3	7	0	321	3	7	8	33	0	0	91	0	470
K4	4	1	0	140	7	2	14	0	1	6	0	175
K5	0	0	1	1	48	0	99	3	7	1	0	160
K6	0	0	0	0	1	2	23	1	0	2	0	29
K7	1	3	0	0	3	2	356	3	2	7	0	377
K8	0	0	0	0	0	0	1	0	0	0	0	1
K9	0	0	0	0	0	0	0	0	1	0	0	1
K10	4	0	14	2	4	0	29	1	3	85	0	142
K11	5	0	0	0	8	0	34	1	0	3	193	244
总体精度（%）	87											
总体 Kappa 系数	0.74											

表5-6　基于 ROF 分类器的地物信息提取精度

类别	K1	K2	K3	K4	K5	K6	K7	K8	K9	K10	K11	总数
K1	3 349	3	118	12	61	17	154	5	13	25	54	3 811
K2	13	12	0	0	0	0	20	0	0	0	0	45
K3	13	3	264	27	14	7	87	0	1	79	0	495
K4	17	0	6	98	16	2	69	1	2	28	2	241
K5	6	0	0	1	7	1	30	2	0	4	9	60
K6	2	0	1	0	1	0	21	1	0	3	0	29
K7	15	0	10	1	13	3	199	3	7	16	5	272
K8	0	0	0	0	0	0	0	0	0	0	0	0
K9	0	0	0	0	0	0	0	0	0	0	0	0
K10	12	3	10	6	18	14	87	2	6	47	16	221
K11	91	0	0	0	11	1	27	1	0	0	107	238
总体精度(%)	76											
总体 Kappa 系数	0.53											

根据表5-4~表5-6所示结果,可以得到以下结论:

(1)三种树型模型信息提取结果总精度和 Kappa 系数分别为 79% 和 0.60、87% 和 0.74、76% 和 0.53。其中,随机森林模型的信息提取效果最好,通过弱分类器的集合,随机森林充分利用了整个特征因子集,通过 bootstrap 抽样,降低了特征因子相关性对于模型分类精度的影响;旋转森林模型在建模过程中引入的主成分分析算法,虽然消除了因子集之间的相关性,但是由于建立单个基分类器时采取了剪枝策略,导致森林中通过 bootstrap 抽样建立的分类器集合所拥有的特征多样性极低,因此旋转森林模型反而是三种树型模型中信息提取效果最差的一种。

(2)对于大范围的地质环境背景要素,三种树型模型的信息提取效果为:植被(RF/CART/ROF,99%/95%/95%)、水域及水利设施用地(RF/CART/ROF,81%/95%/57%)、住宅用地(RF/CART/ROF,80%/75%/65%)、交通运输用地(RF/CART/ROF,93%/83%/68%)、耕地(RF/CART/ROF,94%/45%/55%)。三种模型提取植被的效果都很好,说明在训练集中的要素特征数量和多样性丰富的情况下,三种树型模型对于此种要素的提取都能有较好的效果。此外,和其他两种模型相比,随机森林模型通过多次反复 bootstrap 抽样,保证了森林中特征因子组合的多样性,因此对于多个大范围的地质环境背景要素的提取效果都能保持很高的提取效果。

(3)对于待提取的地质环境问题要素,三种树型模型的信息提取效果为:露天采场(RF/CART/ROF,53%/36%/29%)、尾矿库(RF/CART/ROF,0/0/0)、废石渣堆(RF/

CART/ROF,4%/0/0)、工业广场(RF/CART/ROF,41%/36%/23%)。除随机森林模型对露天采场和工业广场拥有一般的提取效果外,三种模型对于其他地质环境问题要素,特别是尾矿库和废石渣堆的识别能力很低。分析混淆矩阵可以发现,废石渣堆的分割单元主要被误分为裸地(RF/CART/ROF,30%/26.7%/0)和植被(RF/CART/ROF,39.1%/40%/56.5%),尾矿库主要被误分为裸地(RF/CART/ROF,20%/26.1%/13.3%)和植被(RF/CART/ROF,40%/30.4%/33.3%)。同时,工业广场也存在被误分为住宅用地的情况(RF/CART/ROF,39%/45%/39%)。究其原因,通过野外核查验证可知,废石渣堆多和裸地、野草混杂,这三者的遥感影像特征过于相近,导致模型在进行类别判断的时候出现大量误分的情况。同样的情况对于非金属矿尾矿库也存在,由于非金属尾矿库和金属尾矿库不同,前者尾矿渣含水率极低,在野外也多表现为和废石渣堆、裸地、排土场等相近的特征,部分尾矿库甚至会随时间变化出现杂草,因此也对分类器造成了干扰。而工业广场和住宅用地由于拥有大量类似形状、纹理、颜色的建筑,所以模型在不考虑分割单元所处位置的情况下,对于工业广场会出现部分误分情况。

5.1.1.5 分析对比与信息提取结果优化

(1)因子重要性分析。

CART模型和RF模型在模型的构建过程中可以通过计算基尼指数来计算特征因子的重要性评分。当特征因子 i 在节点被划分的时候,模型会计算当前的基尼指数(D_{Gi}),采用基尼指数最小化准则进行特征选择并决定该特征的最优二值切分点。最后计算模型中的该特征因子的平均基尼指数值作为这个特征因子的因子重要性评分值,计算公式为

$$P_k = \frac{\sum_{i=1}^{n}\sum_{j=1}^{i} D_{G_{k_{ij}}}}{\sum_{k=1}^{m}\sum_{i=1}^{n}\sum_{j=1}^{i} D_{G_{k_{ij}}}} \tag{5-3}$$

式中　m、n 和 t——特征因子数目、决策树数目和单棵决策树中的节点数目;

　　　$D_{G_{k_{ij}}}$——特征因子 k 在第 i 棵决策树的第 j 个节点上的基尼指数值;

　　　P_k——特征因子 k 的因子重要性评分值。

由于ROF模型中会加入PCA主成分变换,因此模型无法计算特征因子重要性。因此,本节研究计算了本次试验中的CART模型和RF模型的特征因子重要性(见表5-7和表5-8)。由RF模型特征因子重要性排名显示NDVI是所有特征因子中最重要的因子,其次是GF-2号影像第四波段DN均值、第四波段DN值标准差、距工矿仓储用地距离、第三波段DN值标准差和第三波段DN均值。

表5-7　CART模型特征因子重要性排名

特征因子	权重(%)	特征因子	权重(%)
归一化植被指数	40.6	密度	5
第四波段DN均值	25.9	第三波段DN值标准差	2.2
第四波段DN值标准差	12.8	灰度差分矢量矩阵熵值	2
距工矿仓储用地距离	11.5		

表 5-8　RF 模型特征因子重要性排名

特征因子	权重(%)	特征因子	权重(%)
归一化植被指数	8.27	边界指数	2.39
第四波段 DN 均值	8.08	平均 DN 值	2.37
第四波段 DN 值标准差	7.70	总体标准差	2.35
距工矿仓储用地距离	6.30	圆度	2.34
第三波段 DN 值标准差	5.75	灰度共生矩阵熵值	2.32
第三波段 DN 均值	4.70	矩形拟合度	2.14
第二波段 DN 均值	4.54	灰度共生矩阵相似度	2.10
第二波段 DN 值标准差	4.12	灰度共生矩阵同质	1.95
灰度共生矩阵标准差	3.35	不对称性	1.65
第一波段 DN 值均值	3.25	长宽比	0.92
密度	3.25	灰度差分矢量矩阵对比度	0.87
亮度	3.22	灰度差分矢量矩阵熵值	0.86
最大差分值	2.78	灰度共生矩阵对比度	0.86
第一波段 DN 值标准差	2.56	灰度差分矢量矩阵均值	0.75
形状指数	2.54	灰度共生矩阵相异度	0.39
紧致度	2.51	邻域接触关系	0.30
灰度共生矩阵均值	2.49		

　　然而,由于 CART 模型并不能处理高维度大数据集,因此为了提高模型的预测精度需要降低特征因子之间的相关性,所以采用了剪枝算法来增加主要特征因子的重要性权重并消除那些少数不重要的特征因子。与此相比,RF 模型能够计算并展示所有参与建模的特征因子的重要性评分值,能够引导对于本试验的进一步的研究和探索。

　　(2)信息提取结果优化。

　　以随机森林模型的分类结果为例,结合 5.1.1.3 部分中对于三种树型模型分类器分类结果的混淆矩阵可知,目前分类的主要误差包括以下几种情况:

　　①废石渣堆、裸土、非金属尾矿库互相干扰;

　　②住宅用地和工业广场互相干扰;

　　③明显的分类逻辑错误,邻域和中心属性出现不一致,如露天采场中出现住宅用地、水域及水利设施用地、耕地,或工业广场内出现耕地、住宅用地、水域水利设施用地、露天采场(见图 5-10)。

　　为了进一步优化信息提取结果,提高地质环境要素信息提取精度,需要参考其他相关数据,使用空间分析的技术手段来消除分类器分类误差。豫中登封—新密—禹州研究区地势平坦,地形起伏较小,因此主要参考该区域的土地利用规划图来修正部分误差,修正原则主要包括三点:①修正出现在工矿仓储用地规划中的住宅用地;②修正明显的分类逻辑错误;③不参考 GF－2 高分辨率多光谱融合影像。经过优化之后的结果混淆矩阵和 Kappa 系数如表 5-9 所示。

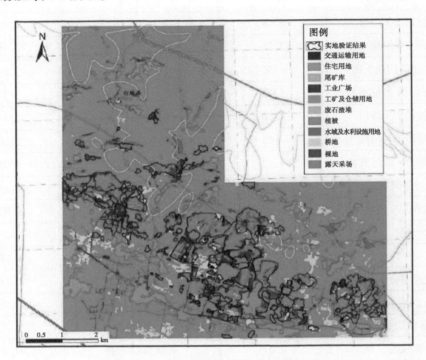

图 5-10　随机森林分类器分类结果图

表 5-9　优化后随机森林分类器地物信息提取精度

类别	K1	K2	K3	K4	K5	K6	K7	K8	K9	K10	K11	总数
K1	3 524	0	67	5	56	14	81	6	0	12	13	3 787
K2	3	14	0	0	0	0	0	0	0	0	0	17
K3	7	0	321	3	7	6	9	0	0	7	0	360
K4	4	1	0	140	7	2	14	0	1	6	0	175
K5	0	0	1	1	48	0	99	3	7	1	0	160
K6	0	0	0	0	1	2	23	1	0	2	0	29
K7	5	6	6	0	8	2	412	3	2	7	1	446
K8	0	0	0	0	0	0	1	0	0	0	0	1
K9	0	0	0	0	0	0	0	0	1	0	0	1
K10	4	0	0	2	4	2	30	0	3	171	0	231
K11	1	0	0	0	3	0	6	1	0	2	192	205
总体精度(%)	89											
总体 Kappa 系数	0.79											

经过优化后的分类结果如图 5-11 所示,同时结合表 5-5 和表 5-9 进行对比分析可以

得到以下 3 个主要结论。

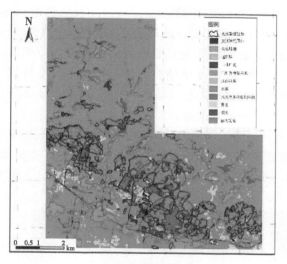
(a)优化后分类结果

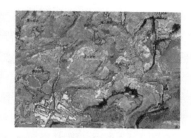

(b)局部细节

图 5-11　优化后分类结果

（1）经过土地利用规划数据协同优化后，信息提取的整体分类精度和总体 Kappa 系数有了小幅度提升，分别达到 89% 和 0.79% 。但是对于露天采场和工业广场的信息提取精度分别上升到 61% 和 82% ，较优化前分别提高了 8% 和 41% ，提升效果明显。

（2）经过优化后的信息提取结果显示，废石渣堆和非金属尾矿库的信息提取精度没有变化，仍然是 0 和 4% ，说明通过空间分析的方法无法提升对废石渣堆、非金属尾矿库、裸地、植被这种混合地物的识别能力。

（3）露天采场总共 659 个分割单元，最终正确划分的有 412 个，81 个分割单元被划分为植被、99 个分割单元被划分为裸地、14 个分割单元被划分为交通运输用地、23 个分割单元被划分为工矿仓储用地、30 个分割单元被划分为工业广场；并且，同样的问题对于工业广场也存在。究其原因，GF-2 高分辨率多光谱融合影像的影像分辨率达到了 1 m，在此尺度下地质环境要素信息丰富，在野外实地验证而圈定的地质环境问题要素的范围内并不是仅仅包含有一种地质环境要素。一个露天采场内会包括原生未遭破坏的植被、后期重新成长的低矮植被、裸土、工业广场（矿石堆、料场、碎矿厂等）、废石渣堆等，这些地质环境要素彼此混杂，边界定义模糊，往往会对样本的定义造成误导。因此，在获得分类结果图后，需要根据尺度需求再对细小的破碎图斑进行合并。

5.1.2　基于 ED2 的露天矿地质环境要素信息提取

基于 ED2 最优分割参数选择法的多源数据协同信息提取方法的主要思路是以整幅遥感影像为对象，通过计算整幅局部方差变化来选择合适的全局最优分割参数；然后结合 Canny 算子边缘检测的结果、野外核查验证的参考矢量对整幅影像进行最优分割，并计算每个分割单元的特征因子集；最后以半监督分类的思路选取训练样本区、测试区和合适的分类器,进行影像分类。

然而当信息提取的目的是优先于露天矿地质环境问题要素提取时,包括植被、居民地、耕地、裸地、水体等地质环境背景要素,并不是优先关注的对象。同时根据5.1.1部分的研究成果可以看出,大范围的地质环境背景要素对于重点要提取的露天矿地质环境问题要素的信息提取会造成干扰。为了降低这种干扰,本节研究目的是通过多尺度分割生成多个影像对象层,建立露天矿地质环境要素信息提取层次结构,将大范围的地质环境背景要素作为高层次优先提取的层次,逐层对剩余的要素进行提取。

如图5-12所示,豫中登封—新密—禹州研究区采用的是GF-1号高分辨率遥感卫星影像,研究区内存在的主要地质环境问题要素包括露天采场、选矿厂、煤矸石堆、排土场、废石渣堆、工业广场、尾矿库和中转场地。本节将整个研究区划分为训练区和测试区两部分,以训练区的数据来训练分类器模型,然后用测试区的数据进行测试。

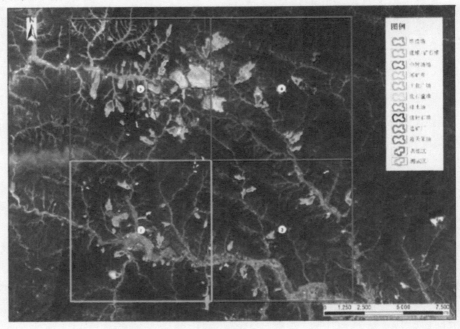

图5-12 豫中登封—新密—禹州研究区训练及测试区域示意

本节以建立露天矿地质环境要素信息提取层次结构为主要思路(见图5-13)。

通过多尺度分割获取不同层次的最优分割尺度;然后通过对特征因子的计算和判断,确定每一层的信息提取规则,最终建立整体信息提取规则集。在剔除大范围的地质环境背景要素之后,剩下的遥感影像中包含有待提取的各种露天矿地质环境问题要素和残余的地质环境背景要素,为了将它们分别提取出来,引入5.1.1部分的研究方法,使用随机森林分类器对剩下来的要素进行面向对象的信息提取。本节研究主要使用的数据分析处理工具包括IBM SPSS Statistics 21、ArcGIS 10.3.2、Matlab R2014、ENVI 5.3和eCognition Developer 9.2。

根据河南省土地利用规划图和露天矿地质环境问题要素野外调查结果,如图5-14所

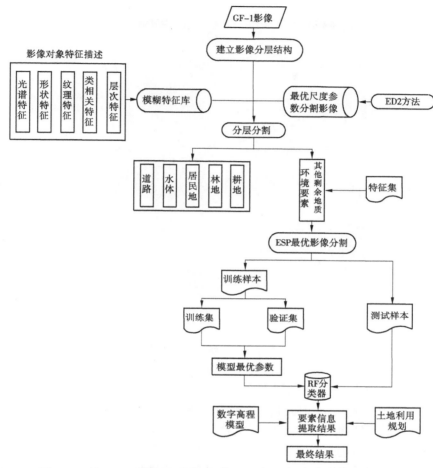

图 5-13　基于 ED2 最优分割参数选择法的多源数据协同信息提取流程

示,整个试验区包括了 14 种地质环境要素,包括草地、耕地、工矿仓储用地、交通运输用地、林地、水域及水利设施用地、园地、住宅用地、其他用地(包括裸土地、空闲地、沙地等)、露天采场、选矿厂、工业广场、尾矿库和中转场地,并且如图 5-12 所示将整个研究区分成训练区域和测试区域两部分。根据 5.1.1.2 部分的研究成果和 4.4.2 部分的内容,将 14 类地质环境要素合并为 9 类,作为本节研究中待提取的要素对象:林地(草地、林地、园地)、耕地、交通运输用地(乡道以上道路)、水域及水利设施用地(主要河流、湖泊)、住宅用地、露天采场、尾矿库、工业广场(选矿厂、中转场地)、裸地(其他用地、乡道以下道路、工矿仓储用裸地)。

5.1.2.1　定性确定分割参数

在河南省栾川县钼矿研究区进行露天矿地质环境要素信息提取中使用的影像为 2 m 分辨率的 GF-1 融合影像,在设置形状因子 shape 为 0.1,紧致度因子 compactness 为 0.5 的前提下,选取了部分研究区影像,并逐渐增加分割尺度(尺度参数分别设置为 40、60、100、150、250、350),观察不同分割尺度下地物形状变化,这部分试验区包含住宅、林地、耕地、草地、道路等 5 种地物,分割结果及分割尺度如图 5-15 所示。

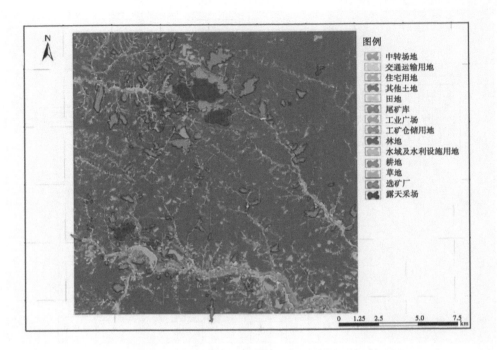

图例
中转场地
交通运输用地
住宅用地
其他土地
田地
尾矿库
工业广场
工矿仓储用地
林地
水域及水利设施用地
耕地
草地
选矿厂
露天采场

0 1.25 2.5 5.0 7.5
km

图 5-14　河南省豫西栾川研究区地质环境要素分布

当分割尺度为 40 时,试验区影像分割多边形非常破碎,每种地物要素都由多个不规则多边形组成,地物要素边界分割不够清楚,对于地物要素信息提取造成干扰;当分割尺度为 60 时,主要的道路、部分林地所包含的分割多边形开始合并,使这些要素能以单一多边形组成,然而其余地物仍由多个多边形组成,因此该层仍不适合提取地物;当分割尺度为 100 时,地物要素多边形轮廓逐渐清晰,除主要道路和林地外,部分耕地开始被合并为一个多边形;当分割尺度增加到 150 时,分割多边形数量减少,主要建筑也开始被合并为一个多边形;当分割尺度为 250 时,各类地物要素基本被分割成有规律的多边形,轮廓清晰,分割效果极好但当分割尺度增加到 350 时,出现了部分草地和住宅混淆,次级道路与住宅合并到一个分割多边形的情况,因此分割效果下降,分割尺度不符合要求。

以上分析仅选择了研究区部分影像中的少数几种地物类别,通过分割尺度的逐渐增加,定性判断每种地物分割结果的好坏。但实际研究区范围远大于这部分区域,并且地质环境要素复杂,因此需要进行反复的试验并进行全局对比分析才能确定每种地质环境要素的最佳分割参数。

5.1.2.2　定量确定分割参数

在大范围的研究区内采用定性判断的方法来确定每种地质环境要素的最优分割尺度需要庞大的反复试验和计算,因此为了提高对于影像多尺度分割最优参数的计算效率,本节研究采用通过欧几里得二指数法(ED2)来定量判断各种地物的最优分割尺度。具体实现过程如下:

(1)在 ArcGIS 中分别对大范围地质环境背景要素(居民地、林地、耕地)选取样本作为参照多边形,并计算面积大小。各类地质环境要素参照样本如图 5-16 所示。

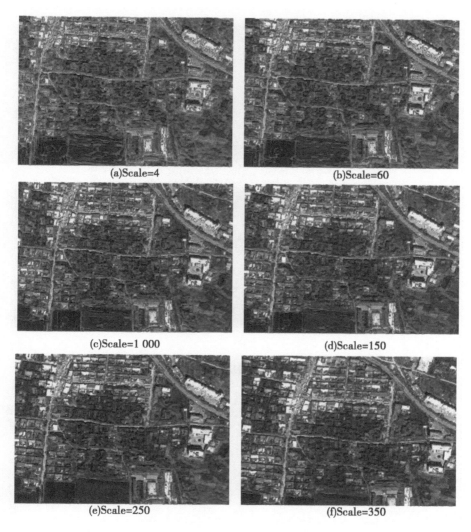

(a)Scale=4

(b)Scale=60

(c)Scale=1 000

(d)Scale=150

(e)Scale=250

(f)Scale=350

图 5-15　不同分割尺度下地物要素大小变化

　　(2)除分割尺度参数外,影像的形状因子和紧致度同样会影响多尺度分割的结果。适当的形状因子有利于提高多尺度分割的精度,前者影响分割对象边界的光滑程度,后者影响分割对象的聚集度,优化这两个参数可以提高分割精度。本次试验设置融合后 GF-1 影像四个波段权重均为 1,当林地分割尺度范围由 50 到 450,居民地和耕地分割尺度范围由 50 到 250;紧致度因子 Compactness 参数为 0.5;形状参数 Shape 小于等于 0.5,取值0.1、0.3、0.5 进行多尺度分割试验。将试验的分割结果矢量文件导入 ArcGIS 中,并与其相对应的参照多边形进行叠置分析及计算,得到 3 种地质环境要素的 ED2 曲线随分割尺度变化图(见图 5-17)。

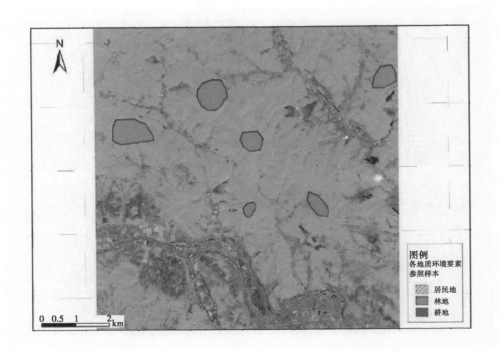

图 5-16   各类地质环境要素参照样本

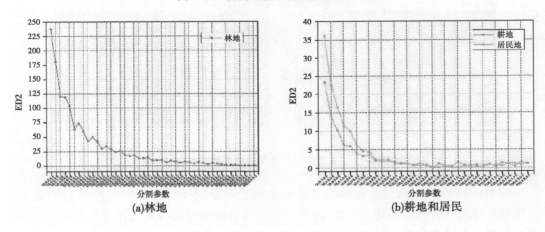

图 5-17   各地质环境要素欧几里德二指数曲线

通过对比 3 条曲线的形态,可以发现:ED2 指数会随着分割尺度的增加而减小并逐渐趋于稳定;同时,在分割尺度一定的条件下,形状因子和紧致度参数的变化同样会对 ED2 指数造成影响;ED2 指数越接近于 0,代表样本和对应分割对象的形状越相似。经统计得到 3 类地质环境要素最优分割参数如表 5-10 所示。

表 5-10　各地质环境要素最优分割参数

类别	居民地	林地	耕地
ED2 值	0.11	0.45	0.02
分割尺度	170	390	150
形状因子参数	0.1	0.5	0.5
紧致度参数	0.5	0.5	0.5

5.1.2.3　信息提取层次建立

综合上述地质环境类别最优分割参数及影像特征,参考分割尺度值、提取地物由易到难的原则构建信息提取层,通过对不同地物要素采用不同分割尺度,确定每种地物适合自己的分割尺度,在此基础上建立可靠的分类规则集。如图 5-18 所示,确立了 6 个地物信息提取层次,信息提取将按以下顺序进行。首先结合全国道路交通矢量图,对乡道以上级别道路建立 5 m 缓冲区,将影像中的主要道路提取出来,这时影像中有道路和非道路两类对象;然后,使用 GF－1 号遥感影像近红外 NIR 波段,通过阈值分割,将主要湖泊、河流提取出来,这时影像中有道路、河流湖泊、其他 1 三类对象;其次,根据最优分割参数及影像特征,依次将居民地、林地、耕地提取出来,这时影像中有道路、河流湖泊、居民地、林地、耕地和其他 4 六类对象;最后,针对其他 4 中所包含的 4 类对象,通过面向对象的分类方法,选择合适的分类将剩余的 4 类对象分别提取出来,这时影像便有道路、河流湖泊、居民地、林地、耕地、裸地、露天采场、尾矿库、工业广场九类对象。

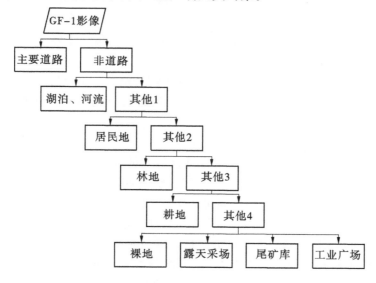

图 5-18　信息提取层次

5.1.2.4　信息提取规则建立

在确定了信息提取层次之后,便可以根据影像对象特征及类相关特征,采用模糊分类进行信息提取,本节研究中采用了亮度(Brightness)、密度(Density)、灰度共生矩阵对比度(GLCM Contrast)、近红外波段灰度均值(NIR mean)、矩形拟合度(Rectangular fit)、圆度(Roundness)、形状指数(Shape index)、归一化植被指数(NDVI)等特征因子。利用训练区数据集,根据分类层次逐层选取特征并建立相应的模糊规则,其模糊规则集见表5-11。

表5-11　模糊规则集

分割层	尺度参数	提取信息	分类特征
Level 1	0	主要道路	Width > 4
Level 2	0	河流湖泊	NIRmean ≈ 0
Level 3	170	居民地	Brightness ∈ [440, 700]; Density ∈ [0.4, 2.3]; GLCM Contrast ∈ [390, +∞]; NIRmean ∈ [600, 745]; NDVI ∈ [−0.1, 0.26]; Rectangular fi ∈ [0, 0.89]; Roundness ∈ [1.27, 4.9]; Shape index ∈ [2.7, 11.3]
Level 4	390	林地	NDVI ∈ [0.42, 0.67]
Level 5	150	耕地	RED mean ∈ [270, 560]

整个信息提取过程基于"分层掩膜"原则,依次介绍如下:

(1)Level 1 分割对象层。

本层主要用于提取主要道路。由于乡道以下道路通常宽度小于4 m,在 GF−1 号影像上小于2个像素,因此为了提高道路提取精度,这里主要目标提取乡道以上宽度大于4 m 的主要道路,并将乡道以下宽度小于4 m 的道路归类于裸地。使用全国道路网矢量图数据,建立5 m 的缓冲区,将缓冲区覆盖的范围裁剪影像,提取出主要道路。

(2)Level 2 分割对象层。

本层主要用于提取湖泊和河流,由于水体在近红外波段(NIR)反射率几乎为0 的特点(见图5-19),首先利用高分辨率遥感影像近红外波段,将湖泊河流单独提取并进行掩膜操作,获取单独的河流湖泊图层。

(3)Level 3 分割对象层。

本层主要用于提取居民地。为了将居民地从其他的地质要素中提取出来,引入了亮度(Brightness)、密度(Density)、灰度共生矩阵对比度(GLCM Contrast)、近红外波段灰度均值(NIR mean)、矩形拟合度(Rectangular fit)、圆度(Roundness)、形状指数(Shape index)、归一化植被指数(NDVI)。通过这些特征因子,既可以将居民地和植被区分开,又可以满足居民地和露天矿工业广场的区分。最终得到的规则集中,亮度(Brightness)处于[440,770]、密度(Density)集中在[0.4,2.3]、灰度共生矩阵对比度(GLCM Contrast)的值大于390、近红外波段灰度均值(NIR mean)处于[600,745]、矩形拟合度(Rectangular fit)处于[0,0.89]、圆度(Roundness)主要处于[1.27,4.9]、形状指数(Shape index)处于[2.7,11.3]、归一化植被指数(NDVI)处于[−0.1,0.26]。

(4)Level 4 分割对象层。

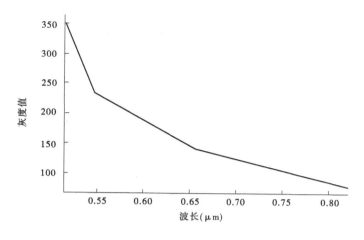

图 5-19 水体光谱曲线

本层主要用于提取林地。经过多次试验得到研究区林地的 NDVI 指数处于 [0.42，0.67]。在分层掩膜去除居民地之后，大范围植被环境主要由林地（草地、林地、园地）和耕地组成，NDVI 大小反映了植被覆盖率的大小，经过试验可以用这一种特征因子将林地和剩余地质环境要素区分开。

（5）Level 5 分割对象层。

本层主要用于提取耕地。剩下来的地质环境要素主要包括耕地、裸地、工业广场、尾矿库、露天采场等五类。红波段是植被的强吸收带，剩下的五类地质环境要素中，植被含量最高的是耕地，因此使用红波段将耕地从其他地质环境要素中区分开。经过试验得到研究区耕地的红波段灰度均值（RED mean）的处于 [270，560]。

分层提取的结果将通过类层间的相关性将其他层地物继承到 Level 1 层，比如 Level 3 层要继承 Level 4 层中的林地，此时 Level 3 即为 Level 4 的父层，Level 3 层中的林地可定义为：Class-relation to sub objects > Existence of > 林地；同理，此时 Level 4 层作为 Level 3 层的子层，Level 4 层中的林地也可按子层关系定义为：Class-relation to super objects > Existence of > 林地。通过这样的层间关系，最后获取分层掩膜的遥感影像（见图 5-20），其中其他 4 这一类包括了 4 大类（露天采场、尾矿库、工业广场、裸地）难以靠模糊分类区分开的地质环境要素。

5.1.2.5 信息提取及模型评价

使用 5.1.2.4 部分建立的模糊规则集，同样对测试区数据集进行分层分割，得到包含道路、河流湖泊、居民地、林地、耕地和其他 4 等 6 类结果的分层分割结果（见图 5-21）。

在分层分割结果的基础上，在豫西研究区训练区对其他 4 中的 4 种地质环境要素进行样本选择，本节研究随机挑选了 1 245 个样本对象，其中 403 个露天采场样本、292 个尾矿库样本、270 个工业广场样本、280 个裸地样本，并参考 5.1.1.2 和 5.1.1.4 中的研究成果，选取 23 个特征参数参与模型建立，具体特征集参数如表 5-12 所示。

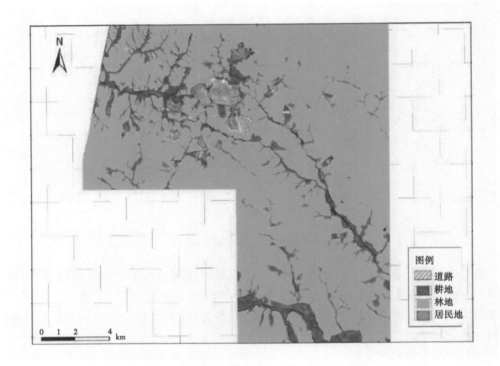

图 5-20　豫西研究区训练区分层分割结果

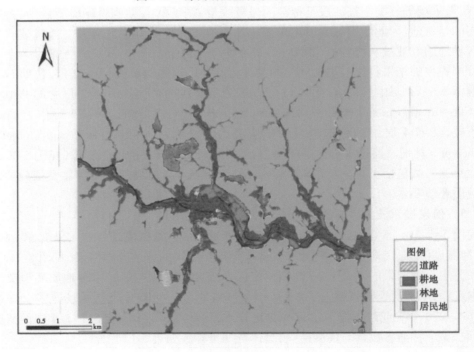

图 5-21　豫西研究区测试区分层分割结果

表 5-12　特征集汇总

特征类别	特征参数
光谱特征	各波段灰度平均值(Total、Mean Layer 1、Mean Layer 2、Mean Layer 3、Mean Layer 4)、各波段灰度标准差(Total、Standard deviation Layer 1、Standard deviation Layer 2、Standard deviation Layer 3、Standard deviation Layer 4)、归一化植被指数(NDVI)、最大差分(max diff)
几何特征	密度(Density)、形状指数(Shape index)
纹理特征	基于灰度共生矩阵(GLCM)的同质性(Homogeneity)、对比度(Contrast)、熵(Entropy)、均值(Mean)、标准差(Std Dev)、相似度(Correlation)
空间特征	基于灰度差分矢量矩阵(GLDV)的熵(Entropy)、对比度(Contrast)、距工矿仓储用地距离

　　和 5.1.1.3 一样,本部分研究中同样设置 mtry 等于特征因子总数的开方。为了获取最佳的模型参数 ntree,将森林中决策树的数目变化范围设置为 10~500,步长为 50。最终的分类精度变化如图 5-22 所示,最终的结果显示当决策树的数目设置为 300 时,随机森林模型的分类精度最高。

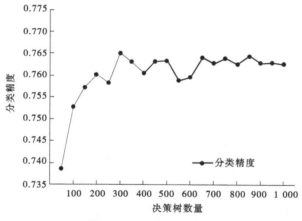

图 5-22　RF 模型分类精度

　　设置随机森林模型的决策树数目为 300,采用最优参数对测试集分层分割结果进行信息提取。然后参考该区域土地利用规划图和数字高程模型,使用空间的技术手段来消除分类器逻辑误差,得到测试区露天采场(L1)、工业广场(L2)、尾矿库(L3)、裸地(L4)等四类地质环境要素信息提取结果。同理,采用混淆矩阵和 Kappa 系数进行精度评价,对信息提取结果和测试区实际值进行对比,结果如表 5-13 所示。

　　根据表 5-13 所展示的结果,可以得到以下结论:

　　(1)基于信息层次结构,建立大范围地质环境背景要素模糊特征集,通过分层掩膜提取,最终使用随机森林分类器对其他类别进行分类提取,最终对于剩余混合地物的分类精度和 Kappa 系数为 88% 和 0.78,分类效果较好。

表 5-13　基于 RF 分类器的地物信息提取精度

类别	L1	L2	L3	L4	总数
L1	78	2	0	3	83
L2	0	64	2	8	74
L3	2	4	41	33	80
L4	6	5	10	360	381
总体精度(%)	88				
总体 Kappa 系数	0.78				

（2）最终主要地质环境问题要素露天采场的分类精度为 90.7%，尾矿库为 85.3%，工业广场为 77.4%，分类提取效果较好。与 5.1.2 的试验相比，研究区 2 为金属矿区，金属尾矿库比非金属尾矿库具有更加明显的独立特征，能够和裸地进行区分。同时，由于去除了大范围地质环境背景要素，诸如林地、居民地、耕地，使主要地质环境问题要素的影像特征更加突出和明显，因此与 5.1.2 的试验相比，信息提取精度有了很大的提高。

（3）总共 53 个工业广场分割单元中有 10 个被划分为裸地，究其原因，GF-1 号融合影像的分辨率达到 2 m，在此尺度下地质环境要素信息依然丰富，在野外实地验证而圈定的工业广场的范围内包含有部分裸地，因此模型最终信息提取结果中存在误分的情况。最后，将随机森林分类器信息提取的结果和分层分割提取出来的林地、耕地、居民地、湖泊河流、道路五类地质环境要素合并，得到豫西研究区露天矿地质环境要素信息提取结果，如图 5-23 所示。

根据前文研究中建立的露天矿地质环境解译标志体系和工作方法，本章结合国产高分辨率卫星 GF-1 号和 GF-2 号遥感影像，针对豫中非金属矿研究区和豫西金属矿研究区，研究了两种基于面向对象的多源数据协同信息提取方法。

本节根据影像多尺度分割最优参数的寻优方法的不同，研究了两种思路的基于面向对象的多源数据协同信息提取方法：

（1）基于 ESP 最优分割参数选择法的多源数据协同信息提取。该方法首先使用 ESP 方法计算影像整体全局局部方差，根据局部方差的变化来寻找影像最优分割参数。其次，结合 Canny 算子对影像进行最优分割并选取合适的特征因子建立特征因子集。再次，本节研究对比了三种不同树型分类器在豫中非金属矿研究区露天矿地质环境要素信息提取中的效果。结果显示，随机森林分类器比其他两种方法拥有更高的分类精度。最后，结合研究区土地利用规划图对明显的分类逻辑错误进行修正，得到最终的研究区露天矿地质环境信息提取分类图。通过混淆矩阵和 Kappa 系数进行精度评价，评价的结果显示，这种方法分类能够提取出区分度较为明显的主要露天矿地质环境要素，但是对于特征过于相近的废石渣堆、裸地和非金属尾矿库，工业广场和住宅用地，在大范围内对它们进行区分的能力不足。

（2）基于 ED2 最优分割参数选择法的多源数据协同信息提取。该方法基于遥感信息层次模型，选择将影像上大范围的背景地质环境要素（林地、耕地、居民地、道路、湖泊河

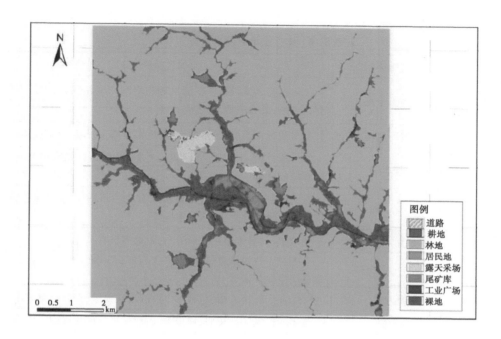

图例

	道路
	耕地
	林地
	居民地
	露天采场
	尾矿库
	工业广场
	裸地

0 0.5 1   2
              km

图 5-23　豫西研究区露天矿地质环境要素信息提取结果图

流)首先分层掩膜提取出来,其次针对剩下来的裸地和主要露天矿地质环境问题要素进行分类提取。该方法使用欧几里德二指数法计算豫西金属矿研究区分层的每一类地质环境要素的最优分割参数,并通过选择合适的特征因子,建立模糊规则集,对大范围的背景地质环境要素进行分层分割提取。再次,将随机森林模型应用于剩下来的类别分类提取中。最后,结合研究区土地利用规划图和数字高程模型对明显的分类逻辑错误进行修正,得到最终的研究区露天矿地质环境信息提取分类图。通过混淆矩阵和 Kappa 系数进行精度评价,评价的结果显示在提前分层提取出大范围的背景地质环境要素之后,随机森林算法能够更好地区分主要的几种矿山地质环境问题和裸地。

5.2　基于支持向量机的矿区信息提取

根据本书第 4 章矿区分类体系介绍,将 2018 年度河南省矿山地质环境遥感解译数据总结归纳为第一级别三大类、第二级别八小类,如表 5-14 所示。

在挖损、堆积、占用三类中,挖损对生态环境造成的破坏最为严重,几乎为不可逆,所以也是矿山环境治理的重中之重。因此,本试验围绕矿区内的露天采场并结合土地利用数据最终确定了试验过程中的分类体系,即所需要提取的矿区信息类型共有七类,主要包括露天采场、矿山堆积、建筑物、道路、植被、裸土、水体。

本试验仍采用 5.1 节基于集成学习的矿区信息提取试验中面向对象提取方法的思想,为了获得良好的分割结果,使分割得到的影像对象具有良好的内部同质性和外部异质性,需要对分割流程中的重要参数进行分析试验。主要包括分割过程中的均质性因子权重和分割尺度大小两方面。

表 5-14　矿区土地开发占地类型

一级类型	二级类型	属性特征
挖损	露天采场	基岩裸露、无植被、存在陡坎等与周围环境相区分,附近多伴有排土场、废石渣堆,有道路相通
堆积	废石渣堆	常呈浅色调斑点状、正地形,附近多伴露天采场,有道路相通
	排土场	常呈浅色调、正地形、表面较为平整、前缘具有规则边坡与周围环境相区分
	尾矿库	常沿沟谷或山坡分布,无积水区为浅色调,积水区呈深色调,前缘有规则的台阶边坡、集水坑等
占用	矸石山	色调较深,呈锥形正地形分布,附近多伴有工业广场
	工业广场	有各类工业房屋建筑,附近多伴有露天采场,分布于山区、距离居民集聚区较远
	选矿厂	与工业广场特征相似,有标志性的选矿池等,多伴有尾矿库
	冶炼厂	与工业广场特征相似,规模更大,建筑形状更加规则

5.2.1　均质性因子的选取

根据本书 3.3.3 面向对象的遥感影像提取方法基础原理,本试验首先确定颜色因子和形状因子。颜色因子对应着影像的光谱信息,在影像分割的实际应用场景中,往往将颜色因子的权重设置得较大,形状因子设置得较小。一是因为遥感影像属于光学影像,其最基础的信息就来自光谱信息。二是如果形状因子权重过大,将导致分割结果在空间上具有较高的一致性,不符合多种不同形状地物分布的实际情况。为确定合适的颜色因子和形状因子,本试验在相同紧致度、平滑度因子的基础上对部分影像进行了分割试验,试验中使用了不同颜色因子,对比分割结果,如图 5-24 所示。从图 5-24 中可以看出,颜色因子权重为 0.9 和 0.7 时,对不同地物类别都做到了较好的区分,但颜色因子权重为 0.9 得到的影像对象要多于 0.7 时,同一地物内部表现出"破碎"现象,过分割更加严重。在保证不同类别之间良好区分性的前提下,权重 0.7 的分割效果要优于 0.9。当颜色因子权重为 0.5、0.3、0.1 时,不同地物之间的界限逐渐开始模糊,同一个对象内部包含多种地物,显然不符合影像分割目的。因此,根据试验结果,本试验影像分割过程中的颜色因子权重和形状因子权重分别设置为 0.7 和 0.3。

紧致度因子和平滑度因子的主要作用是优化影像对象的空间复杂度。两者基于形状准则,紧致度主要基于对象整体的紧致性进行优化,平滑度主要基于对象的边缘平滑来进行优化。在本试验中,为了使分割结果能更好地对多种不同地物的边界进行划分,将紧致度因子权重设置为 0.5、平滑度因子权重设置为 0.5。

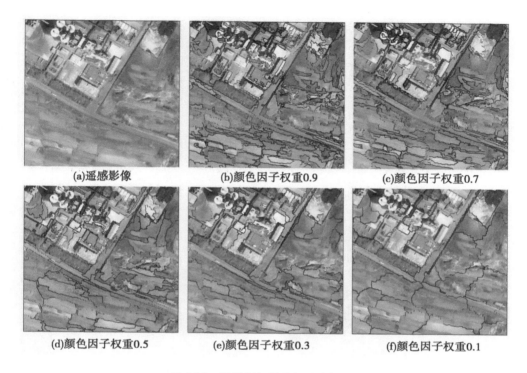

(a)遥感影像　　　　　　　(b)颜色因子权重0.9　　　　　　(c)颜色因子权重0.7

(d)颜色因子权重0.5　　　　　(e)颜色因子权重0.3　　　　　(f)颜色因子权重0.1

图 5-24　不同颜色因子权重分割结果

5.2.2　基于面积比均值法的最优分割尺度选取

在面向对象的多分类工作中,为了得到更好的效果,通常使用多种分割尺度来对不同地物类型进行分割。在实际的分割过程中,不同种类的地物会在不同的尺度下存在分割效果的差异,为了实现对某一类地物的准确表达,需要对该类型地物的最优分割尺度进行试验。最优分割尺度要能清楚表达该尺度下目标地物的信息,又能清楚表达该尺度上地理特征之间的组合规律。

面积比均值法重点考虑分割前后面积的关系,计算目标地物面积与分割对象总面积的比值,如果其比值越趋近于1,则分割对象边界与地物边界越一致,越接近最优分割尺度。该方法认为最佳的分割效果是:一个目标地物恰好生成一个对象,且生成对象的边界与目标地物的边界完全吻合。但是在实际的分割过程中,这种理想化的情况出现的概率很小。目标与分割对象的边界多边形往往存在差异,且分割结果中也可能包含多个对象,如图 5-25 ~ 图 5-28 所示。

图 5-25 ~ 图 5-28 分别为分割尺度 60、80、100、120 下得到的。四种情况下对水体的边界信息都做到了较好的提取,但是分割得到的对象数目存在明显的差异。因此,面积比均值法在考虑分割前后面积关系的前提下,又引入了对于分割后生成对象数目的考虑,于是得到面积比均值公式:

$$R = \frac{1}{m} \sum_{i=1}^{m} \frac{S_{Ti}}{\sqrt{n_i}\, S_{Oi}} \tag{5-4}$$

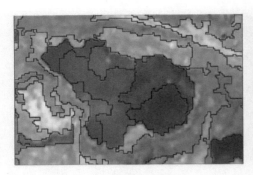
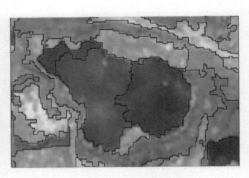

图 5-25　分割尺度 60　　　　　　　　　　　图 5-26　分割尺度 80

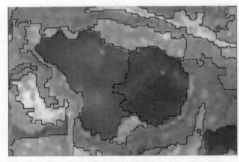
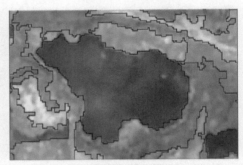

图 5-27　分割尺度 100　　　　　　　　　　图 5-28　分割尺度 120

式中　R——面积比均值;

　　　m——整幅图像同类型目标地物总数;

　　　n_i——第 i 个目标地物分割生成的对象个数,其值大于或等于 1,且小于目标地物包含像元总数;

　　　S_{Ti}——第 i 个目标地物实际面积;

　　　S_{Oi}——第 i 个目标地物分割生成对象总面积。

通常情况下 S_O 近似于或大于 S_T。由式(5-4)可以看出,当分割尺度为最优分割尺度时,理想状态下,S_T 与 S_O 相等,对象数目 n_{best} 为 1,得到的面积比均值 R_{best} 为 1。当分割尺度小于最优分割尺度时,表现为对象数目 $n > n_{best}$,$R < R_{best}$;当分割尺度大于最优分割尺度时,表现为对象数目 $S_T < S_O$,$R < R_{best}$。

由此可知,在面积比均值方法中计算某一特定地物类型在不同尺度下的 R 值,取其峰值所对应的分割尺度,即为该类型地物的最优分割尺度。

本试验中为了确保影像分割的整体效果,避免不同种类地物包含于同一个影像对象中,在分割过程中采用"过分割"的原则,即分割结果呈现"破碎"现象,避免出现"湮灭"现象。这种情况下分割得到的对象面积小于目标地物面积,使用面积比均值法来选取最优分割尺度可以得到较好的效果。

本试验为了得到良好的分割结果,使分割得到的影像对象能将某一目标地物的轮廓信息完整地表示出来,同时目标地物内部不至于分割得过于"破碎",因此,使用面积比均值法进行最优尺度选取,该方法在实际应用中通常在某一类地物中选择若干个目标用来代替该类别的全部地物,再依照公式计算每个类别的面积比均值,确定最优分割尺度。各类别平均相对面积差曲线如图 5-29 ~ 图 5-34 所示。

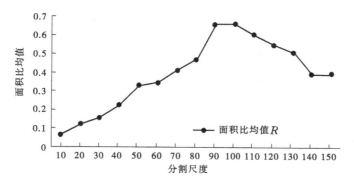

图 5-29　露天采场面积比均值

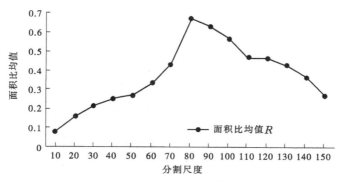

图 5-30　堆积面积比均值

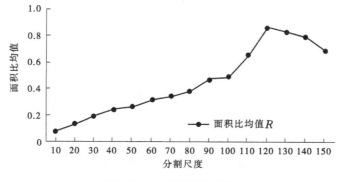

图 5-31　水体面积比均值

通过图 5-29 ~ 图 5-34 可以直观看出,水体和植被的最优分割尺度为 120,裸土为 110,三者较为相近;露天采场和堆积的最优分割尺度也较为相近,分别为 90 和 80;建筑、道路的最优分割尺度为 50。由此可以得到试验过程中多尺度分割的分割规则集,如表 5-15 所示。

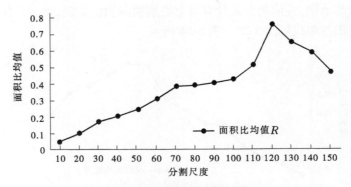

图 5-32 植被面积比均值

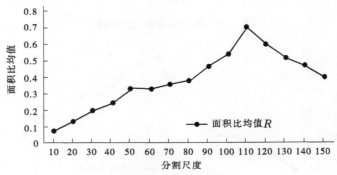

图 5-33 裸土面积比均值

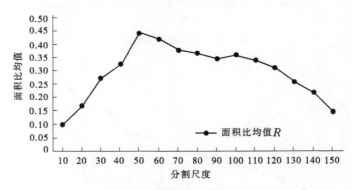

图 5-34 建筑、道路面积比均值

表 5-15 多尺度分割规则集

分割层级	分割尺度	形状因子/光谱因子权重	紧致度因子/平滑度因子权重
Level－1	50	0.3/0.7	0.5/0.5
Level－2	90	0.3/0.7	0.5/0.5
Level－3	120	0.3/0.7	0.5/0.5

　　确定影像分割规则集后,使用 eCognition 软件平台完成整个分割过程,得到最终的影

像对象 48 227 个,分割结果的局部效果,如图 5-35 所示。

图 5-35　局部分割效果

5.2.3　样本集的制作

试验中所需样本集主要包括训练、测试样本集和精度验证样本集。训练样本集主要用来训练卷积神经网络,通过多次的迭代训练,不断调整权值和阈值参数,减小误差,使网络满足要求。测试样本集主要用于测试网络训练结果的好坏,判断是否达到要求。在网络训练完成并投入使用后,应对网络的预测结果进行评价,需要使用精度验证样本集。各样本集之间需保证相互独立,以保证网络模型的有效性和精度评价结果的可靠性。

样本集的制作以试验区 2018 年度矿山地质环境遥感解译数据和土地利用数据作为真实矿区开发占地信息数据,按照质心包含于真实值的原则在分割得到的影像对象中选取各类型的样本对象。最终得到 8 848 个样本,并赋标签。将全部样本按照 2∶1 的比例分成两部分,一部分作为训练、测试样本集,另一部分作为精度验证样本集,两者之间互不重叠。再将训练、测试样本集中的数据按照 7∶3 的比例分成训练样本和测试样本,形成最终试验所需的样本集,如表 5-16 所示。

表 5-16　样本集

类别	训练样本	测试样本	精度验证样本	总计
露天采场	1 096	470	522	2 088
道路	542	232	387	1 161
水体	120	51	86	257
植被	698	299	499	1 496
建筑	601	258	429	1 288
矿山堆积	654	280	467	1 401
裸土	540	231	386	1 157
总计	4 251	1 821	2 776	8 848

5.2.4 特征选择

得到遥感影像的分割结果后,需要获取具有代表性对象的特征作为后面分类的依据。对象的特征主要可分为 4 类,包括光谱特征、纹理特征、几何特征及邻域特征。按照以往的经验,本试验初选了隶属于这四大类特征的 58 个特征来描述对象,如表 5-17 所示。

表 5-17　对象特征

对象特征域	特征(数量)
光谱特征	标准差(4)、均值(4)、比率(4)、亮度(1)、最大差异度(1)、阴影指数(1)、归一化植被指数(1)、归一化水体指数(1)、土壤调节植被指数(1)、土壤亮度指数(1)、比值植被指数(1)
纹理特征	灰度共生矩阵:角二阶矩(1)、熵(1)、标准差(1)、对比度(1)、异质度(1)、同质度(1)、相关性(1)、均值(1) 灰度差向量:角二阶矩(1)、熵(1)、均值(1)、对比度(1)
几何特征	面积(1)、边界长度(1)、边界指数(1)、长度(1)、宽度(1)、长宽比(1)、形状指数(1)、圆度(1)、椭圆拟合度(1)、矩形拟合度(1)、紧致度(1)、主方向(1)、非对称性(1)、密度(1)
领域特征	对于邻域的平均差分(4)、对于较亮邻域的平均差分(4)、对于较暗邻域的平均差分(4)

为降低特征维度,使特征更具代表性,同时为减小信息冗余,降低计算开销,要对所有特征进行筛选。

(1)剔除低重要度特征。

试验中使用基于 LightGBM 库中的梯度提升树模型来计算特征的重要度,为了使计算得到的重要度具有较小的方差,利用梯度提升树模型进行 10 次训练,取 10 次训练后的平均值得到最终的重要度分数。归一化重要度分数,设置累计重要度 0.99 为阈值,在所有特征中找到了对实现 99% 总重要性时不起作用的特征,将之剔除。过程中得到整体的累计重要度曲线,如图 5-36 所示。在全部 58 个特征中,有 51 个特征的累计重要度可达到 99%。剩余的 7 个特征的累计重要度仅为 1%,可以将其剔除。这 7 个特征分别是:椭圆拟合度、亮度、灰度共生矩阵中的异质性、灰度差向量中的均值、对比度、熵。

(2)剔除共线特征。

经低贡献度特征选取后,再对剩余的 51 个特征进行共线性的分析。基于皮尔逊相关系数法计算特征之间的相关性,过程中设置筛选阈值,即选择特征中相关性绝对值大于阈值的特征对,从中剔除 1 个,实现具有共线性的特征的筛选。以 0.98 作为共线性筛选阈值进行特征剔除,有 46 个特征保留下来。过程中得到整体的特征相关性热力图,可以较为直观地看出各个特征之间的相关性情况,如图 5-37 所示。剔除的 5 个具有较高共线性的特征分别是第二波段的比率、第二波段的均值、比值植被指数、对于领域第一波段和第三波段的平均差分。

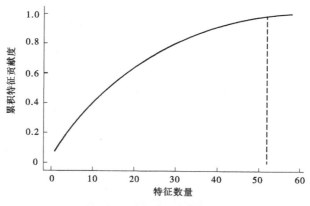

图 5-36 **特征累计重要度曲线**

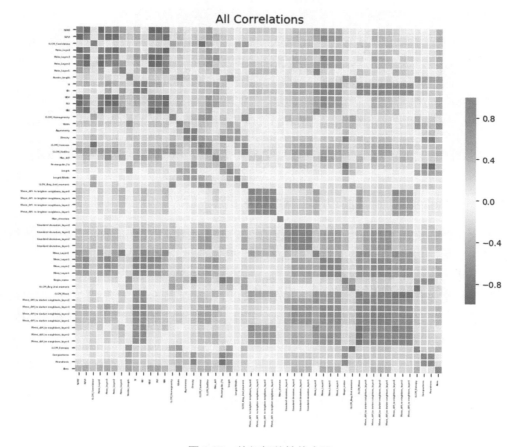

图 5-37 **特征相关性热力图**

5.2.5 支持向量机的模型搭建

本次试验中,为了更好地判断面向对象结合卷积神经网络方法进行矿区信息提取的效果,使用支持向量机替换卷积神经网络进行对比试验。试验流程中所涉及的影像分割、特征计算和样本选取均与卷积神经网络试验中相应内容相同。

考虑到试验中分类体系的类别个数较少,在对比试验中选择 SVM – OVO 算法来实现支持向量机的多分类。在 SVM 中,核函数和参数的选择是至关重要的,核函数通过将输入空间的样本映射到特征空间中运算,解决线性不可分和数据维度计算的问题。提高机器学习的泛化性。如何选择 SVM 的核函数目前还没有统一的理论依据,多数情况下是依据实际情况在试验中尝试和选择。在对比试验中选择的核函数选择为高斯核函数(Radial Basis Function,简称 RBF),惩罚系数 C 和 gamma 经过网格参数寻优后分别为 1 和 0.045。经过训练样本的训练后,得到了 0.85 的测试样本精度。将分类器应用于全部 48 227 个对象,对其进行预测,得到 SVM 的最终分类结果,如图 5-38 所示。

图 5-38　SVM 预测结果

5.2.6　支持向量机的试验结果精度评价

本次试验研究所采用的精度评价指标除 5.1.1.4 中所采用的 Kappa 系数、总体精度及混淆矩阵外,还加入用户精度与生产者精度共同评价本次试验精度。

(1)用户精度(User's Accuracy)。

用户精度是指某一分类类别的正确分类像元个数占实际分为该类别的像元的总数的比例。它表示了从分类结果中随机抽取一个样本,该样本的类别与实际地面类型相同的条件概率。其计算公式为

$$P_{UA} = \frac{x_{ii}}{x_{i*}} \times 100\% \tag{5-5}$$

式中　x_{ii}——第 i 类地物被正确分类的个数;

　　　x_{i*}——第 i 类地物实际总个数。

(2)生产精度(Producer's Accuracy)。

生产者精度是指某一分类类别的正确分类像元个数占参考数据中该类像元总数的比例,它表示了相对于地面实际类型中的任意地点的一个随机样本,分类结果图上同一地点的分类结果与该样本一致的条件概率。其计算公式为

$$P_{PA} = \frac{x_{ii}}{x_{*i}} \times 100\% \tag{5-6}$$

式中 x_{*i}——被分为第 i 类的地物的总个数。

支持向量机分类结果精度评价混淆矩阵,如表 5-18 所示。

表 5-18 支持向量机分类结果精度评价混淆矩阵

类别	露天采场	道路	水体	植被	建筑	矿山堆积	裸土	小计
露天采场	439	5	3	15	12	59	20	553
道路	5	355	0	4	28	17	3	412
水体	2	0	77	0	2	3	0	84
植被	4	3	3	421	2	11	7	451
建筑	13	14	2	13	368	19	2	431
矿山堆积	43	5	1	21	11	349	31	461
裸土	16	5	0	25	6	9	323	384
小计	522	387	86	499	429	467	386	2 776

支持向量机分类结果中各类精度评价指标,如表 5-19 所示。

表 5-19 支持向量机分类结果中各类精度评价指标

项目	样本对象数	预测对象数	正确对象数	用户精度 (%)	生产者精度 (%)
露天采场	522	553	439	79.39	84.10
道路	387	412	355	85.17	91.73
水体	86	84	77	91.67	89.53
植被	499	451	421	93.35	84.37
建筑	429	431	368	85.38	85.78
矿山堆积	467	461	349	75.70	74.73
裸土	386	384	323	84.11	83.68
总体精度(%)	84.01				
Kappa 系数	0.81				

5.3 基于卷积神经网络的矿区信息提取

本次试验研究中面对对象分割操作、特征选择与样本集制作延续 5.2 试验中所使用的样本,因此本节不再赘述。

5.3.1 卷积神经网络模型搭建

本次试验使用 Python 的 Keras 库是一个由 Python 编写的开源人工神经网络库,可以作为 TensorFlow、CNTK 和 Theano 的高阶应用程序接口,进行深度学习模型的设计、调试、评估、应用和可视化。利用 Keras 中的序贯模型(Sequential)构建了包括 2 个卷积层、2 个池化层、2 个全连接层和 1 个 Dropout 层在内的 CNN 网络结构,卷积的形式采用一维卷积,CNN 结构如图 5-39 所示。

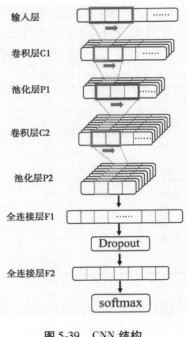

图 5-39　CNN 结构

(1)卷积层 C1 和池化层 P1。卷积层 C1 的通道数为 32,卷积核大小为 6×1,步长为 1。池化层 P1 采用最大池化方法来提取显著特征,池的大小为 2×1,步长为 2。

(2)卷积层 C2 和池化层 P2。卷积层 C2 的通道数为 64,卷积核大小为 3×1,步长为 1。池化层 P1 采用最大池化方法来提取显著特征,池的大小为 2×1,步长为 2。

(3)全连接层 F1、Dropout 层。通过 F1 层将卷积结果展平,再利用 Dropout 层随机抑制部分神经元。Dropout 层参数设置为 0.5。

(4)全连接层 F2。有 7 个神经元,与 softmax 分类器相连,实现分类并作为输出层。

5.3.2 训练和测试网络模型

卷积神经网络搭建完成后,需使用样本对模型进行训练并验证学习效果。试验中利用真实数据得到的训练样本和测试样本分别为 4 251 个和 1 821 个。使用训练样本训练卷积神经网络模型,测试样本计算模型精度。针对多分类问题,选择交叉熵损失函数(Cross Entropy Loss)作为损失函数,并利用 Adam 优化器对模型进行参数寻优。在训练过程中,首先对未添加 Dropout 层的网络模型进行训练,迭代次数设为 100 次,统计每次迭代后的模型精度,得到模型的训练过程曲线,如图 5-40 所示。从图 5-40 中可知,随着训练次数的增长,模型的测试样本准确率(test_acc)也随之上升,迭代训练达到第 20 次时,模型的精度趋于平稳,最终稳定在 0.89。但是模型的测试样本损失率(test_loss)在训练过程中呈先下降后升高的趋势,这是典型的过拟合现象,该条件下的网络模型无法进行分类工作。为解决过拟合问题,使用添加了 Dropout 层的网络模型再次训练,得到模型的训练过程曲线,如图 5-41 所示。从图 5-41 中可知,同样的 100 次迭代次数,在迭代训练达到第 35 次时,模型的测试样本准确率开始趋于平稳,最终得到稳定在 0.89 的精度。同时,测试样本损失率也趋于平稳,未出现过拟合现象,总体上达到了很好的训练效果。

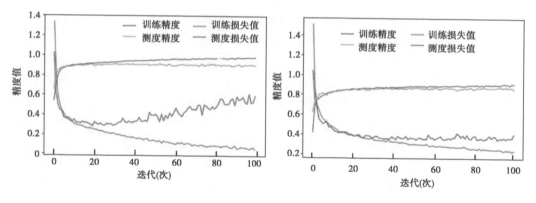

| 图 5-40　原始训练过程曲线 | 图 5-41　改进后训练过程曲线 |

5.3.3　禹州市北部矿区信息提取结果

　　将训练得到的 CNN 网络结构应用于全部 48 227 个对象,对其进行预测,得到最终的预测结果,图 5-42 即为研究区基于 CNN 的矿区信息提取结果。图中红色部分所覆盖的即为通过面向对象结合卷积神经网络方法提取出的露天采场范围,黑色虚线区域是 2018 年的矿山遥感解译数据中的露天采场。从目视效果来看,二者吻合度较高。

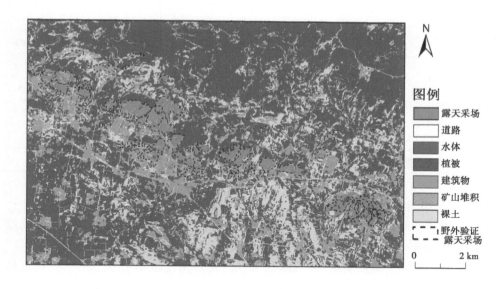

图 5-42　CNN 预测结果

5.3.4　卷积神经网络预测结果的精度评价

　　精度评价所需的验证样本中共有 2 776 个样本,所有样本均为随机选取,整体上均匀分布在研究区的范围内。各类别样本数保持有一定程度的相似性。首先建立两种卷积神经网络方法的混淆矩阵并计算相关的评价指标,具体数据如表 5-20 和表 5-21 所示。

表 5-20　卷积神经网络分类结果精度评价混淆矩阵

类别	露天采场	道路	水体	植被	建筑	矿山堆积	裸土	小计
露天采场	439	5	3	15	12	59	20	553
道路	5	355	0	4	28	17	3	412
水体	2	0	77	0	2	3	0	84
植被	4	3	3	421	2	11	7	451
建筑	13	14	2	13	368	19	2	431
矿山堆积	43	5	1	21	11	349	31	461
裸土	16	5	0	25	6	9	323	384
小计	522	387	86	499	429	467	386	2 776

表 5-21　卷积神经网络分类结果中各类精度评价指标

项目	样本对象数	预测对象数	正确对象数	用户精度	生产者精度
露天采场	522	537	466	86.78%	89.27%
道路	387	396	361	91.16%	93.28%
水体	86	85	81	95.29%	94.19%
植被	499	477	455	95.39%	91.18%
建筑	429	438	393	89.73%	91.61%
矿山堆积	467	455	391	85.93%	83.73%
裸土	386	388	355	91.49%	91.97%
总体精度（%）			90.13		
Kappa 系数			0.88		

根据表 5-20 和表 5-21 分析可知：

（1）卷积神经网络在结合面向对象方法对矿区进行信息提取的研究中，总体精度为 90.13%，同时 Kappa 系数为 0.88，均达到较高水平。

（2）在卷积神经网络预测结果中，露天采场的用户精度达到了 86.78%，生产者精度为 89.27%。露天采场是矿山活动中破坏环境最为严重的行为，对其做到准确地提取也是矿山监测的重中之重。两项评价指标虽略低于总体精度，但仍属于较高水平，可以对研究区内的露天采场做到有效的信息提取。同时，矿山堆积的用户精度达到了 85.93%，生产者精度为 83.73%，也属于有效的信息提取结果。

（3）水体、植被、建筑、裸土和道路 5 类非矿山活动的土地利用类型，精度普遍高于总体精度。主要原因是这 5 类地物作为常见的土地利用类型研究对象，其影像特征、纹理特征等更加明显，易于区分，同时类别内部差异不大。而矿山活动所产生的土地类型，存在一定的相似性。且类别内部地形地貌、人类活动等影响而导致存在差异。这也从侧面反映了矿山信息提取的难度和重要度。

（4）露天采场和矿山堆积之间出现较多的误分情况。分析原因主要有两方面：一方面是两种类型在其生成的过程中有着密切的联系，矿山堆积中的废石渣堆、排土场等都是伴随着露天采场的形成而形成的，二者在光谱和纹理上有着天然的相似性。另一方面是随着近年来国家大力治理矿山环境，出现了大量关停和治理的露天采场，缺少了人类的采矿活动，可能致使采场内部出现废弃的堆积物，这部分露天采场在光谱上色调变暗，纹理上开始呈现斑块状，经过时间的推移会与矿山堆积出现类似的性质，容易混淆。如图 5-43 所示，(a) 是研究区内一部分区域，依靠矿山遥感目视解译经验同样无法对其类型进行准确判断。根据 2018 年度河南省矿山地质环境遥感解译数据可以确定该区域为露天采场且已废弃多年，导致类型上易混淆。

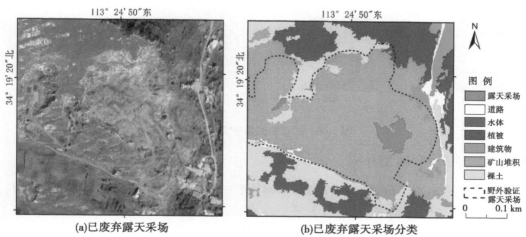

图 5-43 研究区内已废弃露天采场

5.4 基于迁移学习的矿区信息提取

本节研究以豫中郑州区域为研究区，并结合第 4 章露天矿地质环境解译理论基础进行目视解译并进行实地核查，将试验数据集共分为 7 类场景（包括梯田、露天采场、道路、建筑、农田、森林、河流），每类图像包括 96 幅影像（见图 5-44）。随机从每类图像中选取 80 幅来组成训练数据集，并将其余 16 幅作为测试数据集。

高分辨率遥感影像的训练数据集的数据量，受到露天采场的场景数量的限制，不足以重新训练卷积神经网络，因此需要采取迁移学习的方式训练网络模型。迁移学习方式是通过冻结所有的网络参数，并重新训练 softmax 分类器，或将影像特征提取后使用 SVM 分类器。为了探究最佳的迁移学习方式，本节将利用本书 5.2.2 所提出的 A、B、C 三种迁移学习的训练方式，对卷积神经网络进行训练，并将训练后的卷积神经网络在测试数据集中进行分类试验。

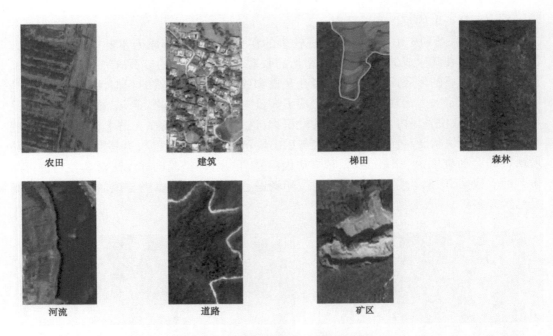

图 5-44　试验数据集目视解译结果

5.4.1　CNN－F 模型介绍

本书采用 Ken Chatfield 的论文设计的网络框架 CNN－F，输入图像大小为 224×224。CNN－F 是 8 层网络结构，其中前 5 层是卷积层，后 3 层是全连接层。表 5-22 总结了 CNN－F 网络参数。CNN－F 网络结构如图 5-45 所示，

表 5-22　CNN－F 网络参数

结构名称	层名称	网络结构与参数
卷积层	Conv1	11×11, Num 64, stride 4, pad 0, pool 2
	Conv2	5×5, Num 256, stride 1, pad 2, pool 2
	Conv3	3×3, Num 256, stride 1, pad 1
	Conv4	3×3, Num 256, stride 1, pad 1
	Conv5	3×3, Num 256, stride 1, pad 1, pool 2
全连接层	fc6	4 096
	fc7	4 096
softmax 分类器	fc8	1 000

其中，卷积层与全连接层的网络结构包含 5 个卷积层（Conv1～Conv5）和 3 个全连接的层（fc6～fc68）。对于每一个卷积层，卷积核的尺寸为 size×size，对应的卷积核数量为 Num，卷积步长为 stride，pad 和 pool 分别表示空间填充和降采样池化。全连接层 fc6、fc7

图 5-45　CNN – F 网络结构

神经元数依次为 4 096、4 096,最后一层(fc8)作为 softmax 分类器。

5.4.2　resnet50 模型介绍

深度网络层数增加,信号和梯度越来越小,被称为梯度弥散而难以训练。深度残差网络(resnet)是在现有训练深度网络的基础上,开发出的一种减轻网络训练负担的残差学习框架。如图 5-46 所示,通过引入跨层的连接方式和批规范化(Batch Normalization)形成的残差块可以把过大或过小的信号进行归一化,并且将前一层的信息直接获取进行分析,使所有的层适合残差映射,由此解决网络层数增多而导致的精度下降问题。残差模型作为 ILSVRC2015 比赛的冠军,不仅是目前最出色的 CNN 模型,而且减少了深层网络参数数量。

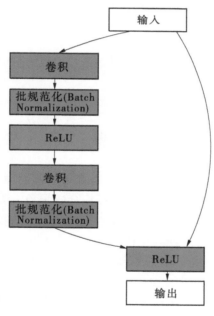

图 5-46　残差块结构

本书采用的是 resnet50 模型,图 5-47 和表 5-23 展示了 resnet50 的网络结构与参数,主要由 1 层卷积层与 16 个残差块组成,最后一层包括平均池化层与 softmax 全连接层,网络的输入图像大小为 224 × 224。

表 5-23 中括号内表示一个残差块的网络结构,Num 代表卷积核的数量,size × size 表示卷积核尺寸,括号外的数字表示残差块的个数。网络的最后一层包括平均池化层(Average pool)与 softmax 分类器。

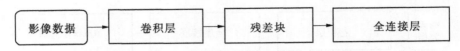

图 5-47   resnet50 网络结构

表 5-23   resnet50 参数

结构名称	层名称	网络结构与参数
卷积层	conv1	Num 64, 7×7
残差块	conv2_x	$\begin{bmatrix} \text{Num } 64, 1 \times 1 \\ \text{Num } 64, 3 \times 3 \end{bmatrix} \times 3$ Num 256, 1×1
	conv3_x	$\begin{bmatrix} \text{Num } 128, 1 \times 1 \\ \text{Num } 128, 3 \times 3 \end{bmatrix} \times 4$ Num 512, 1×1
	conv4_x	$\begin{bmatrix} \text{Num } 256, 1 \times 1 \\ \text{Num } 256, 3 \times 3 \end{bmatrix} \times 6$ Num 1 024, 1×1
	conv5_x	$\begin{bmatrix} \text{Num } 512, 1 \times 1 \\ \text{Num } 512, 3 \times 3 \end{bmatrix} \times 3$ Num 2 048, 1×1
全连接层	fc	Average pool, softmax

5.4.3 迁移学习

由于深度学习需要巨量数据,在大型数据集上从头开始训练复杂的神经网络不仅运行效率低下,当数据量较小时,还可能会出现过拟合的现象。为了解决这个问题,通常会引入迁移学习的方法:基于通过将卷积模型在大型图像数据集上训练得到的预训练模型,将预训练模型中可复用特征的层抽取并利用其解决新的案例,这个过程称为迁移学习。

CNN 模型的最后一层全连接层被用于场景分类,因此该层中的神经元数量等于数据集中的图像类别数。本书使用的预训练模型是在 ImageNet 数据集上训练得到的。ImageNet 是 1 个包含 1 000 多个场景类别,1 400 万张图像的海量数据集,完全满足卷积神经网络训练对数据的需求,由于目标数据集的类别数与 ImageNet 不同,所以在迁移学习之前,需要替换或初始化预训练模型的最后一层的权值参数,也就是卷积神经网络的分类器权值,以适应新的目标数据集,预训练模型调整流程如图 5-48 所示。调整后的CNN – F预训练模型称为 CNN – F – imageNet,而 resnet50 的预训练模型经过调整后称为resnet50 – imageNet。

迁移学习主要有两种策略:特征提取和参数微调。特征提取是通过保留预训练模型的部分网络参数,并将其应用在新的案例中,因为预训练模型的部分网络具有基础特征提取的能力(如影像的颜色、轮廓等信息)。而参数微调则与特征提取不同,是在保留预训

· 116 ·

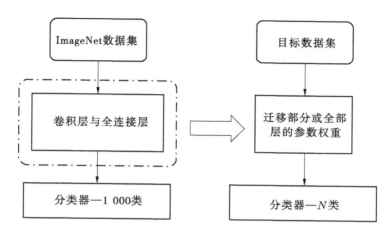

注:N为目标数据集中图像类别的数量。

图 5-48　预训练模型调整流程

练模型的权值参数基础上,用目标数据集对预训练模型继续训练,使网络所有层或部分层的参数进行调整,以适应新的识别任务。

　　基于这两种策略,本书设计了三种优化方案对预训练模型进行迁移学习。如图 5-49 所示,方案 C 是冻结较低层的参数,仅对较高层的参数进行微调。方案 A 与方案 C 类似,都是冻结较低层的参数,不同点在于将较高层的参数初始化后再进行微调。方案 B 是对较高层初始化以后,对整个网络进行微调。

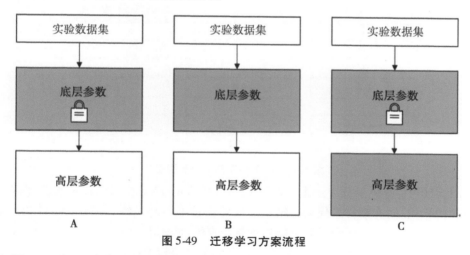

图 5-49　迁移学习方案流程

　　在图 5-49 中,蓝色部分表示保留预训练模型的权重参数,白色部分代表权重参数初始化,而符号锁代表冻结本层权重参数即不参与微调。

5.4.4　基于 CNN‐F 的迁移学习矿区信息提取

　　本试验基于本书 5.2.2 中建立的 CNN‐F‐imageNet 模型,使用前述建立的训练数据集,分别引入 An、Bn、Cn 三种训练方法建立深度学习模型,定义的三种训练方式如下:

　　An:将 CNN‐F‐imageNet 模型的前 n 层权值参数冻结,不参与重训练;对剩下的 7‐

n 层初始化并在目标数据集上重训练。

　　Bn:保留 CNN－F－imageNet 模型的前 n 层权值参数;对剩下的 $8-n$ 层初始化,然后对整个 CNN－F－imageNet 模型进行重训练。

　　Cn:将 CNN－F－imageNet 模型的前 n 层权值参数冻结,不参与重训练;对剩下的 $7-n$ 层在目标数据集上重训练。

　　本试验将重复上面三组训练方式,其中 $n = \{1, 2, \cdots, 7\}$。在图 5-50 中,使用 $n = 1$ 作为示例。

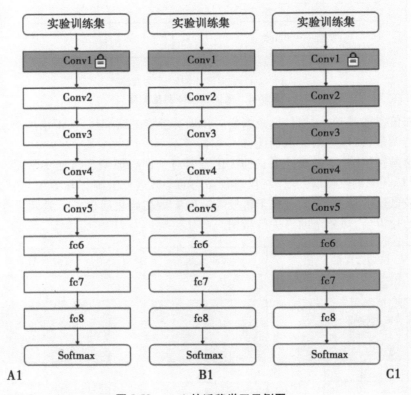

图 5-50　　$n = 1$ 的迁移学习示例图

　　在图 5-50 中,蓝色部分表示本层保留 CNN－F－imageNet 模型的权重参数,白色代表权重参数初始化,而有锁符号代表冻结本层权重参数不参与训练。因此,A1 代表 CNN－F－imageNet 模型的第 1 层的权值保留且不参与训练,而剩下的 7 层权值参数全部初始化且重新训练。B1 表示 CNN－F－imageNet 模型的第 1 层权值保留并对所有层进行参数微调。C1 表示 CNN－F－imageNet 模型的第一层的权值保留且不参与重训练,对其余层在目标数据集上进行参数微调。

　　本节将对试验一中三组迁移学习方式 An、Bn、Cn 的分类结果进行分析与比较,训练后的网络对测试数据集的分类性能采用准确率评价。准确率是广泛用于信息检索与统计学分类领域的度量值,用来评价分类结果的质量。准确率用下式表示。

$$PR = \frac{TP}{TP + FP} \times 100\%$$

式中　*PR*——准确率；

　　　TP——正确识别的场景数目；

　　　FP——错误识别的场景数目。

对于露天采场的识别效果评价，将结合混淆矩阵进行分析讨论。

5.4.1.1　迁移方式 An 试验结果分析与讨论

从图 5-51 红色菱形点 An 的 1～3 层趋势可以看出，随着冻结层数的增加，精度也随之提升，在第 3 层时精度达到最高。但随着冻结层数继续增加，精度随之下降。因此，将对 A2、A3 和 A4 识别场景的混淆矩阵，中间层可视化进行详细分析与讨论。

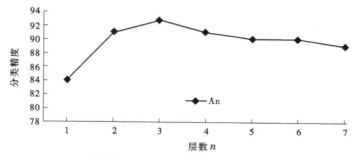

图 5-51　An 方式训练模型识别精度

（1）A2 与 A3 比较分析。

通过测试集的测试结果，A2 的场景识别精度为 91.07%，略低于 A3 的分类精度 92.85%，A2 与 A3 的分类混淆矩阵如图 5-52 与图 5-53 所示。

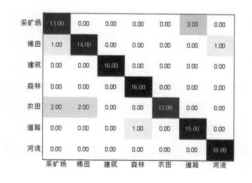

图 5-52　A2 的混淆矩阵　　　　　图 5-53　A3 的混淆矩阵

首先，通过 A2 与 A3 的混淆矩阵可以看出，在露天采场的识别方面，A2 将 3 幅露天采场识别为道路，而 A3 同样将部分露天采场识别为道路，但比 A2 的识别能力要好，只将 2 幅露天采场的场景识别为道路。另外，A2 将 2 幅农田场景与 1 幅梯田识别为露天采场，而 A3 同样将两幅农田场景识别为露天采场，但在识别梯田时，却比 A2 多错分 1 幅至露天采场。

综上所述，露天采场容易错误分类为道路，根据解译标志的描述，很多露天采场中都有道路，而农田与梯田在颜色与边界上，也有与露天采场相似之处。这也是在区分有相同或相似场景要素时,会出现错分的原因。在露天采场的识别中,A3 比 A2 能更好地识别出露天采场,但 A2 在其他场景错分为露天采场时,表现优于 A3。

但从其他场景的分类结果可以看出,A3 在识别含有相同或相似特征要素的场景时,整体能力优于 A2。从 A3 第 3 层 relu 激励层提取的特征可视化后,可以发现重新训练后的卷积层,比 A2 直接迁移网络参数提取局部特征更加抽象。因此,可以推测,在识别具有相同或相似的场景要素时,重新训练第 3 层得到抽象的细节特征,能更好地识别图像背后的语义信息。

(2)A3 与 A4 分析与讨论。

通过测试集的测试结果,A4 的场景分类精度为 91.07%,略低于 A3 的分类精度(92.85%),A3 与 A4 的分类混淆矩阵如图 5-54、图 5-55 所示。

首先,通过 A3 与 A4 的混淆矩阵可以看出,在露天采场的识别方面,A3 将 2 幅露天采场识别为道路,而 A4 同样将部分露天采场识别为道路,但比 A3 的识别能力要好,只将 1 幅露天采场的场景识别为道路。另外,A4 与 A3 同样将 2 幅农田场景与梯田识别为露天采场。

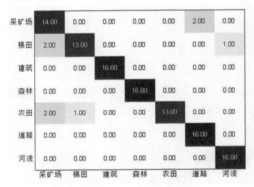
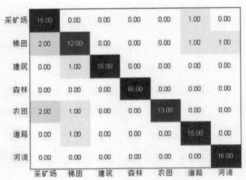

图 5-54　A3 的混淆矩阵　　　　　　图 5-55　A4 的混淆矩阵

综上所述,A3 与 A4 在识别露天采场时,容易错误分类为道路,而农田与梯田也有部分错分为露天采场。A3 与 A4 在其他场景错分为露天采场时表现相同,但在露天采场的识别中,A4 识别能力优于 A3。因此,A4 在露天采场的识别中优于 A3。

但从其他场景的分类结果可以看出,A3 在识别含有相同或相似特征要素的场景时,整体能力优于 A4。

(3)试验 An 方式总结。

A2 与 A3 的训练方式区别在于,将预训练模型的第 3 层是否冻结,因此对 A2 与 A3 的第 3 层进行分析,将图 5-56、图 5-57 作为露天采场中间层信息提取与可视化展示,A2 与 A3 的第 3 层提取的特征进行可视化,如图 5-56 所示为矿区场景由卷积层的卷积核提取的特征影像,可见卷积核提取的主要是矿区的边缘、纹理和结构等底层信息,但两幅特征可视化图比较相似。为了更好地凸显 A2 方式在初始化第 3 层后重训练网络,本试验将经过 relu 激励层处理的特征可视化后,如图 5-58、图 5-59 所示,提取的特征依稀可以看见露天采场的结构特征,而 A3 的第 3 层提取的特征经过激励层处理后,已经开始呈现抽象的局部特征。

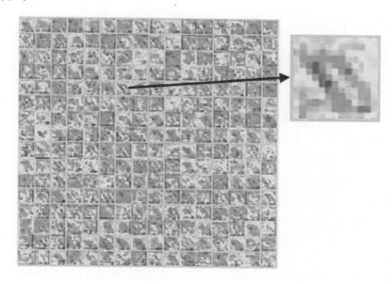

图 5-56　A2 方式训练后模型的第 3 层提取的特征可视化

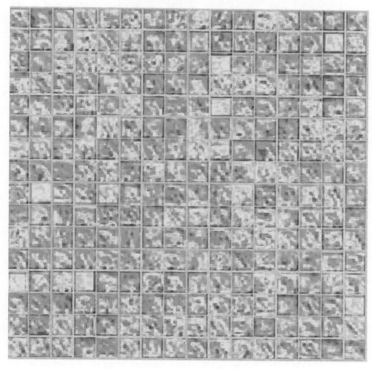

图 5-57　A3 方式训练后模型的第 3 层提取的特征可视化

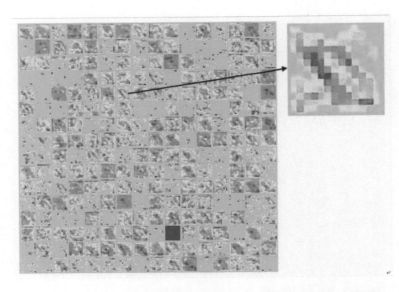

图 5-58　A2 方式训练后模型的第 3 层 relu 提取的特征可视化的结果

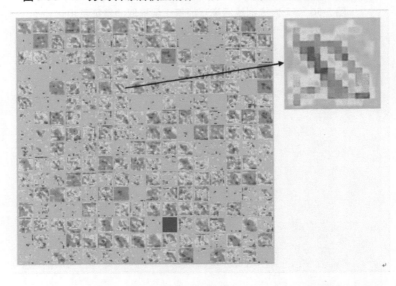

图 5-59　A3 训练后模型的第 3 层 relu 提取的特征可视化的结果

本试验将 A2 与 A3 的第 3 层卷积核可视化,如图 5-60、图 5-61 可以发现,卷积核已经呈现抽象化的特点,无法对试验分析带来有价值信息。

从其他场景的分类结果可以看出,A3 在识别含有相同或相似特征要素的场景时,整体能力优于 A2。从 A3 第 3 层 relu 激励层提取的特征可视化后,可以发现重新训练后的卷积层,比 A2 直接迁移网络参数,提取局部特征更加抽象。因此,可以大胆推测,在识别具有相同或相似的场景要素时,重训练第 3 层得到抽象的细节特征提取能力,能更好地识别图像背后的语义信息。为验证这种假设,本试验对 A3 与 A4 的中间层提取的特征进行可视化分析。

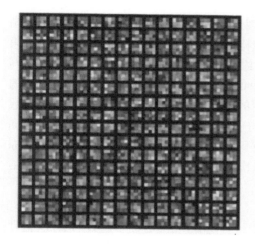 

图 5-60　A2 训练后模型的第 3 层卷积核可视化　　　图 5-61　预训练模型的第 3 层卷积核可视化

　　A3 与 A4 的训练方式区别在于,是否将预训练模型的第 4 层冻结。因此,本试验对 A3 与 A4 的第 4 层进行分析。首先,从前面的可视化分析可知,经过激励层 relu 处理后的影像更能突出特征。因此,将 A3 与 A4 的第 4 层激励层处理后提取的特征进行可视化,如图 5-62、图 5-63 所示。

 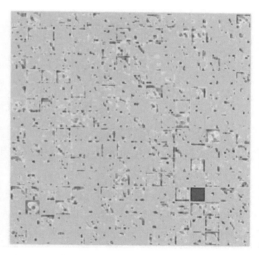

图 5-62　A3 训练后模型的第 4 层　　　　　　图 5-63　A4 训练后模型的第 4 层 relu
　　　　　卷积特征可视化　　　　　　　　　　　　　　　　特征可视化

　　从特征可视化可以发现,A4 比 A3 提取的特征更加抽象,而 A4 的识别场景的整体精度低于 A3。因此,在 A2 与 A3 特征可视化分析中,推测的结论被否定。但从这两组可视化分析中,还是可以观察到,经过重训练的层提取的特征,比直接从预训练模型中迁移的参数所提取的特征更具体,也反映更多符合目标特征的信息。尽管如此,在 A 组试验无法通过中间层提取特征的可视化分析中,可获得提高识别精度的迁移学习方式的规律。

　　但通过观察试验 An 的整个识别精度变化可知,在迁移预训练模型的前三层网络参数,并且随着冻结的层数越多,识别精度越高。因此,可以推断,对于前三层的网络,冻结的参数所提取的特征,要比直接重训练后提取的特征更利于识别分类,从图 5-54 即 A3 第 3 层可视化可以发现,提取的露天采场的一些边缘与纹理等基础特征,而 A3 第 3 层的网络参数和预训练模型相同,说明这些原本提取 ImageNet 数据集特征的网络参数,提取的这些基础特征,同样可以帮助试验数据提取有用的特征。但由于 ImageNet 数据与试验数据差异较大,在第 4~7 层提取的特征无法适用于遥感影像的分类任务。由此可知,当冻结预训练网络参数时,底层参数更加适用于遥感影像的特征提取。这组试验也为选择冻结网络的层数提供了方向,即从底层网络开始依次冻结参数,更容易找到需要迁移并冻结的最佳层数。

5.4.1.2 迁移方式 Bn 试验结果分析与讨论

如图 5-64 中黄色三角点 Bn 的第 1~3 层趋势可以看出,随着冻结层数的增加,精度也随之提升,但在第 4 层时精度突然下降,而之后随着层数的增加,识别精度也随之增加,在第 7 层时达到最高识别精度。与 An 的结果相似,在 B3 达到一个精度峰值,但与 An 不同,在 B4 却出现一个精度谷值,从 B4 开始,随着微调层数增多,识别精度也随之提高。因此,将对 B2、B3、B4 和 B5 分别进行分析。

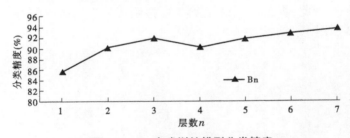

图 5-64 Bn 方式训练模型分类精度

这表明尽管试验数据集与 ImageNet 数据集之间存在较大差异,但迁移的层数越多并进行参数微调,对本试验的场景识别越有帮助。

(1)B2 与 B3 的分析。

通过测试集的测试结果,B2 的场景识别精度为 90.17%,略低于 B3 的分类精度 91.96%,B2 与 B3 的分类混淆矩阵如图 5-65、图 5-66 所示。

首先,通过 B2 与 B3 的混淆矩阵可以看出,在露天采场的识别方面,B3 将 4 幅露天采场识别为道路,而 B2 同样将部分露天采场识别为道路,但比 B3 的识别能力要好,只将 3 幅露天采场的场景识别为道路。另外,B2 将 2 幅农田场景与 2 幅梯田识别为露天采场,而 B3 同样将 2 幅农田场景识别为露天采场,但在识别梯田时,将所有的梯田场景全部识别正确。

综上所述,露天采场容易错误分类为道路,而农田与梯田也有部分错分为露天采场,这与试验 An 的情况类似。从露天采场整体错误分类的情况看,B3 有 6 幅错误识别,优于 B2 的 7 幅。

(2)B3、B4 与 B5 的分析。

通过测试集的测试结果,B3 的场景识别精度为 91.96%,B4 的分类精度为 90.17%,

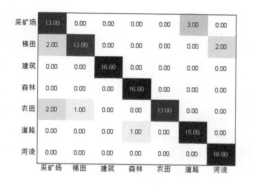

图 5-65　B2 的混淆矩阵

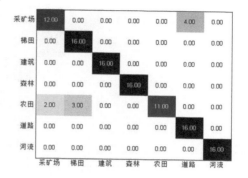

图 5-66　B3 的混淆矩阵

B5 的分类精度为 91.96%，分类混淆矩阵如图 5-67 ~ 图 5-69 所示。

通过混淆矩阵可以发现，在露天采场的识别方面，B3 与 B4 将 4 幅露天采场识别为道路，而 B5 比 B3 和 B4 的识别能力要好，只将 3 幅露天采场的场景识别为道路。另外，B4 将 3 幅农田场景识别为露天采场，而 B5 将 2 幅农田场景识别为露天采场。

通过对错误分类和漏选的情况进行分析，可以发现在露天采场的识别中，B3 总共有 6 幅场景错分，B5 总共有 5 幅场景错分，而 B4 总共有 7 幅场景错分。因此，在露天采场的识别方面，与 B3 和 B5 相比，B4 的精度出现了下滑的趋势。

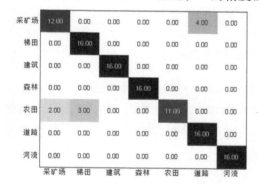

图 5-67　B3 的混淆矩阵

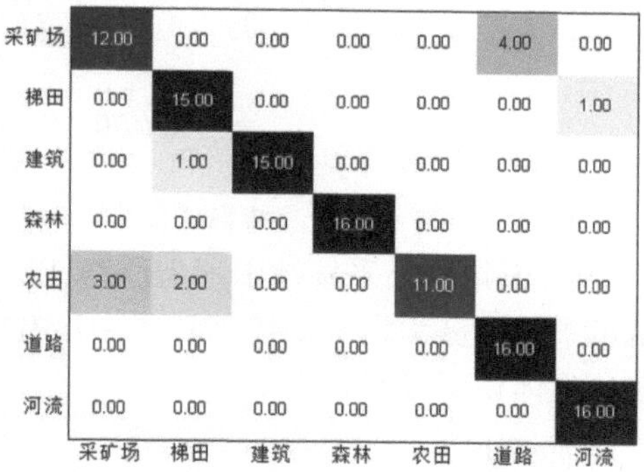

图 5-68　B4 的混淆矩阵

（3）试验 Bn 方式总结。

通过观察试验 Bn 的整个识别精度变化可知，随着迁移预训练模型和微调层数的增加，识别精度也随之提高。尽管预训练的网络参数是在 ImageNet 数据集中训练得到的，但保留参数并在试验数据集中进行微调，要比重训练网络更有优势。B4 的精度下降，可能的原因是网络的第 4 层与第 5 层有高度的关联性，这导致迁移第 4 层网络参数，并将第 5 层参数初始化后训练，识别精度不如整体迁移或者重训练。

5.4.1.3　迁移方式 Cn 试验结果分析与讨论

由图 5-70 中蓝色圆点 Cn 的识别精度可以发现，在第 1 层与第 2 层时，识别精度达到最佳，随着冻结的权值参数增加，识别精度也随之降低。但从第 5 层开始，随着层数增加，识别精度保持不变。因此，本节将对 C1 与 C2 进行分析，比较最优迁移学习方式，并对 C5、C6 与 C7 进行分析，寻找精度相同的原因。

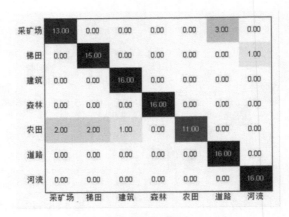

图 5-69   B5 的混淆矩阵

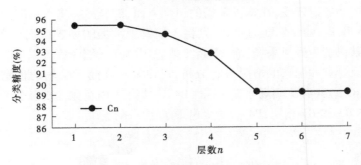

图 5-70   Cn 方式训练模型分类精度

（1）C1 与 C2 的比较分析。

通过 C1 与 C2 混淆矩阵（见图 5-71）可以看出,露天采场几乎能全部识别出来。在 C1 中有 1 幅露天采场被识别为道路,C2 将露天采场全部识别出来了。但 C2 中有 1 幅建筑场景被误分为露天采场,而 C1 中没有被误分为露天采场的。因此,C1 与 C2 对露天采场的整体识别精度相当。

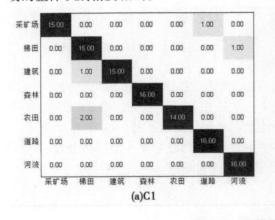

(a)C1

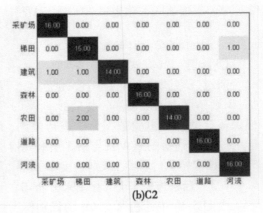

(b)C2

图 5-71   场景分类的混淆矩阵

（2）C5、C6 与 C7 的比较分析。

Cn 从第 5 层开始,随着冻结层数的增加,识别精度一直稳定在 89.28%。通过分析

C5、C6 与 C7 的混淆矩阵（见图5-72～图5-74）可以发现，不仅整体的识别精度相同，错分与漏分的场景也一样。

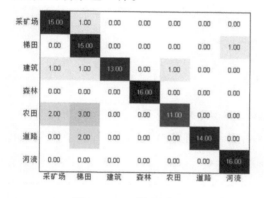

图 5-72　C5 的混淆矩阵

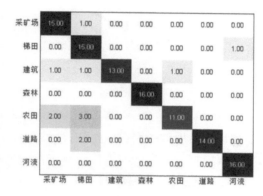

图 5-73　C6 的混淆矩阵

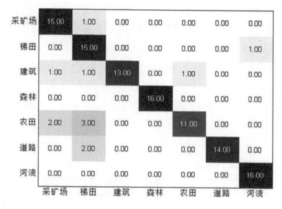

图 5-74　C7 的混淆矩阵

（3）试验 Cn 方式总结。

通过观察试验 Cn 的整个识别精度变化可知，冻结预训练模型的底层参数，并微调高层参数，是迁移学习方式 Cn 的最佳策略。对于网络的第2层，不管是采用冻结，还是采用微调权值参数的训练方式，对于试验数据集的分类效果相同。而从第5层开始，由于预训练模型的高层参数提取的特征越来越特殊，对高层权值参数进行冻结或者微调的训练方式，对试验数据集的分类精度影响也很小。所以，关键在于从第3层至第5层的权值参数是否冻结或者微调，从试验中可以发现，这三层权值参数的训练，对于识别精度影响最大。

5.4.1.4　An 与 Bn 对比分析

从图5-75可以发现，在第1～4层，精度与趋势相似，都是随着迁移层数的增加，精度随之提高，从第4层开始发生转折，An 随着迁移层数的增加，识别精度呈现下降趋势，反观 Bn 却呈现上升趋势。这说明对于预训练模型的高层权值参数，具有 ImageNet 数据集影像的专题特征，而微调的训练方式可以将权值参数调整为适应本试验的数据集，因此对于高层的权值参数，微调比冻结的训练方式要好。

另外，通过观察第2～4层可以发现，An 的识别精度整体高于 Bn。因此，可以推断，

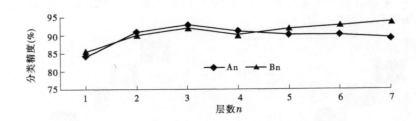

图 5-75　An 与 Bn 方式训练模型分类精度

对于预训练模型的底层权值参数,虽然是在 ImageNet 数据集中训练得到,但微调依然比重训练权值参数有更好的特征提取能力。

5.4.1.5　Cn 与 An 对比分析

通过观察图 5-76 中 An 与 Cn 的曲线变化可以发现,在第 1～4 层,Cn 的识别精度高于 An。而从第 4 层开始,情况发生转变,C5 的整体识别精度下滑,并比 A5 的识别精度要低。通过图 5-77、图 5-78 中的混淆矩阵可以看出,尽管 C5 对露天采场的识别率高于 A5,但总体识别率却不如 A5。在第 5～6 层,An 的识别精度高于 Cn,但变化规律一样,随着冻结层数的增加,识别精度保持不变。从第 1～4 层可以分析得知,保留网络的权值参数并进行微调,比初始化后重新训练,对识别更有优势。而从第 5～6 层可以观察到,对高层的权值参数进行微调,并不能对识别带来助益,反而不如重训练的网络参数所提取的特征。

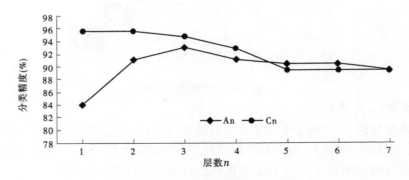

图 5-76　An 与 Cn 方式训练模型分类精度

5.4.1.6　Cn 与 Bn 对比分析

通过观察图 5-79 中 Bn 与 Cn 的曲线变化,可以发现在第 1～4 层,Cn 的识别精度高于 Bn。而从第 4 层开始,Cn 与 Bn 呈现相反的趋势,随着层数的增加,Bn 的识别精度逐渐提高,在 B7 达到了最高识别精度。由于 C1 是试验 C 中识别精度最高的迁移学习方式,因此本试验对比了 B7 与 C1 的场景识别能力,通过图 5-80、图 5-81 的混淆矩阵可以看出,C1 与 B7 错分与漏分的场景基本相同,在露天采场的识别中,C1 比 B7 的识别能力略高。

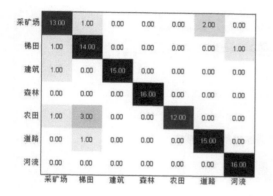

图 5-77 A5 混淆矩阵

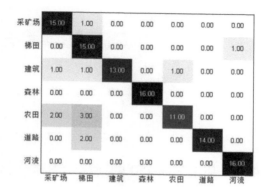

图 5-78 C5 混淆矩阵

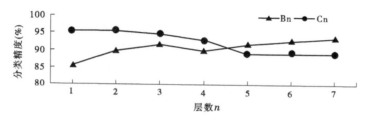

图 5-79 Bn 与 Cn 方式训练模型分类精度

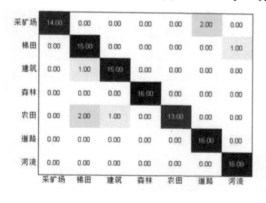

图 5-80 B7 的混淆矩阵

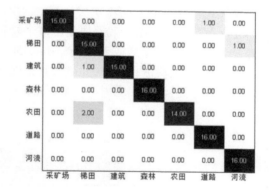

图 5-81 C1 的混淆矩阵

本小节为了探索最佳的迁移学习方式,通过训练卷积神经网络并用于露天采场的场景识别,设计了 An、Bn、Cn 三组迁移学习方式的对比试验。如图 5-82 所示,在试验测试数据集上的试验结果表明,C1 与 C2,即冻结前两层预训练模型的权值参数,并微调剩下网络的权值参数的迁移学习方式,对露天采场与其他场景的识别精度最高,平均识别率达到 95.53%。这证明对于只有少量的露天采场遥感训练集,使用冻结底层网络的权值参数并微调高层的网络权值参数的迁移学习方式,能够有效地提高场景的识别精度,为卷积神经网络在露天采场的识别应用提供了理论依据。

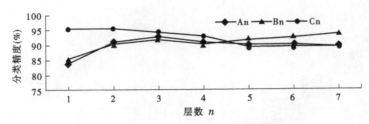

图 5-82　An、Bn、Cn 方式训练模型分类精度

5.4.2　基于 resnet50 的迁移学习矿区信息提取

5.4.2.1　基于 resnet50 模型与迁移学习方式 C 的试验设计

在 5.4.1 试验中,C1 与 C2 的迁移学习方式在测试数据集中取得最好的效果,为了能更好地反映迁移学习方式 C,即冻结底层参数并用试验数据集微调高层参数的训练方法的适用范围,在本试验中,选择方式 Cn 对 resnet50 模型的预训练网络 resnet – imageNet 进行训练,从而验证训练方式 Cn 可以广泛应用于卷积神经网络。与其他只依靠卷积层堆砌的网络相比最大的不同之处,是 resnet50 模型的残差连接方式。它不仅提高了图像识别精度,也降低了参数的数量。因此,这也是本试验选择 resnet50 的预训练模型作为方式 Cn 验证的原因。

本试验的训练方式被称为 resnet – M,具体的定义如下:

M 代表对 resnet50 的第 M 层与其之前层的参数全部冻结,并对其余的层在目标数据集上进行参数微调。由于残差块是由多个卷积核与一个快捷连接层组成,因此将残差块视为一个整体,进行冻结或者微调。resnet50 的预训练模型总共有 16 个残差块,在本试验中,依次对残差块进行冻结,并微调其余网络各层的权值参数。本试验同样使用前述建立的训练数据集,在图 5-83 中,以 M = conv2_1 作为示例。

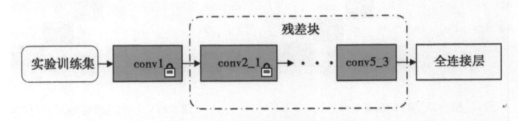

图 5-83　resnet – conv2_1 的迁移学习示意

其中,resnet – conv2_1 表示冻结预训练模型 resnet50 – imagenet 的 conv2_1 层与之前的 conv1 层权值参数,并使用试验训练集对其余层的权值参数进行微调。蓝色部分表示保留 resnet – imagenet 模型的权值参数,白色部分表示将该层的所有权值参数初始化,而各网络层中有锁符号,代表冻结本层权重不进行参数微调。

5.4.2.2　试验结果分析

(1)R – conv1 与 R – conv2 – 1。

由图 5-84 中蓝色小方框可以看出,resnet – conv1 的迁移学习方法整体识别精度为

87.5%，但经过 resnet – conv2 方式训练后的模型，整体的识别精度下降为 48.57%，并且从 conv2 – 1 开始，整个识别精度都维持在 60% 左右。试验将识别精度出现剧烈变化的地方通过混淆矩阵进行了展示。通过图 5-85、图 5-86 的混淆矩阵可以发现，resnet – conv1 方式训练的模型，在识别露天采场方面，将 4 幅露天采场识别为道路。而 resnet – conv2_1 方式训练的模型，将 8 幅露天采场识别为道路与河流，并且将 2 幅其他场景识别为露天采场。

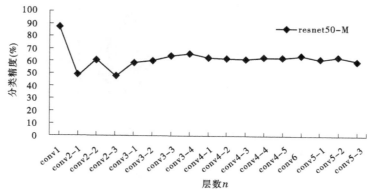

图 5-84　resnet – M 训练后模型的分类精度

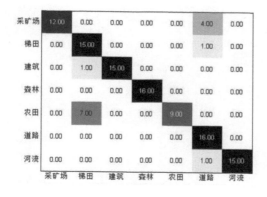

图 5-85　混淆矩阵 resnet – conv1　　　　图 5-86　混淆矩阵 resnet – conv2 – 1

　　通过上述分析可以推断出，随着冻结层数增加，特别是在冻结残差块的时候，微调的模型表现得非常糟糕，说明残差块之间有很高的关联性，在冻结部分残差块的权值参数并微调高层参数的情况下，无法正确习得训练集的特征，导致微调后的模型识别精度急剧下降。

　　如图 5-85、图 5-86 所示，通过对 resnet – conv1 训练后模型的层 conv1 抽取的特征与卷积核可视化分析可以发现，第 1 层卷积核是一些比较形象的条纹图形，并且提取的特征比较基础，如露天采场的纹理与结构信息。但由于发生变化的权值参数，主要集中在残差网络中。而通过将 resnet – conv1 与 resnet – conv2_1 训练的模型中抽取残差块 conv2 – 1 的特征并可视化，如图 5-87 ~ 图 5-90 所示，由于特征的可视化图过于抽象而无法进行分析，这与第 4 章的结论相符合。

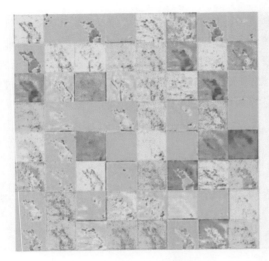

图 5-87　resnet－conv1 模型的 conv1
池化层的特征可视化

图 5-88　resnet－conv1 模型的 conv1
卷积核可视化

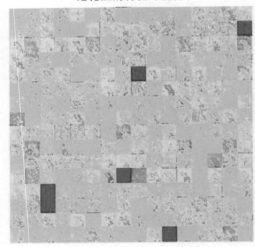

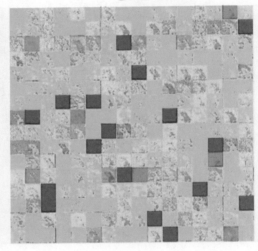

图 5-89　resnet－conv1 的 conv2－1
提取的特征可视化

图 5-90　resnet－conv2－1 的 conv2－1
提取的特征可视化

通过上述分析可以推断出,随着冻结层数增加,特别是在冻结残差块的时候,微调的模型表现得非常糟糕,说明残差块之间有很高的关联性,在冻结部分残差块的权值参数并微调高层参数的情况下,无法正确习得训练集的特征,导致微调后的模型识别精度急剧下降。

(2)R－conv1 与 C2。

对比 CNN－F 模型与 resnet50 模型在迁移学习后,对测试集中场景识别的最佳表现。两种模型对试验测试集的识别精度,如表 5-24 所示。

表 5-24　两种模型对试验测试集的识别精度

模型	精度(%)
Resnet50(resnet − conv1)	87.50
CNN − F(C1 or C2)	95.53

从表 5-24 可以发现,对 resnet50 模型的参数微调方式,均取得了较好的分类精度,但 CNN − F 的预训练模型的识别精度依然高于 resnet50 的预训练模型。

尽管 resnet50 模型在 ImageNet 上的表现优于传统卷积神经网络,残差网络的识别错误率只有 3.57%。但在冻结底层的参数权重,微调高层参数的迁移学习方法中,CNN − F 的性能还是优于 resnet50。这一现象表明,虽然残差网络的跨层连接方式可以降低参数的数量,使网络更容易优化,但也导致 resnet50 模型在迁移学习中受到阻力。

(3)resnet50 的全局微调。

根据前两节的试验分析可以发现,冻结残差块的训练方式,会导致识别精度的急剧下降,而在第 4 章中,方式 B 的训练不仅不需要冻结各层网络的权值参数,而且用试验数据集对整个网络进行微调后,识别精度仅次于最高的 C1 与 C2。因此,本节将 resnet50 的预训练模型的所有权值参数,使用试验数据集进行微调训练,训练后的混淆矩阵如图 5-91 所示。

通过与图 5-92 中的 resnet − conv1 方式训练的模型的识别精度进行对比,可以发现在识别精度与错误识别的类型方面完全一致。

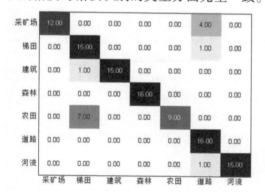

图 5-91 resnet − all − remain **方式**
训练后的混淆矩阵

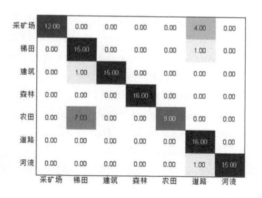

图 5-92 resnet − conv1 **方式**
训练后的混淆矩阵

本节为了探讨迁移学习 Cn 方法的适用性,使用 resnet50 模型进行测试。结果表明,迁移学习方式 Cn 受到残差网络的限制,在识别精度上只有 87.5%,略低于 CNN − F 的预训练模型。为了探索 resnet50 模型在使用迁移学习方面的特征,本节对比了方式 Cn 与方式 Bn 在 resnet50 模型中迁移学习的效果,结果表明,两种方式的识别精度相同。综上所述,本章证明方式 Cn 依然适用于其他网络模型。

参 考 文 献

［1］朱训. 世界矿业的发展特点及对中国矿业的启示［J］. 中国矿业, 1999(1)：5-8.

［2］李秋元, 郑敏, 王永生. 我国矿产资源开发对环境的影响［J］. 中国矿业, 2002, 11(2)：48-52.

［3］武强, 刘伏昌, 李铎. 矿山环境研究理论与实践［M］. 北京：地质出版社, 2005.

［4］汤中立, 李小虎, 焦建刚, 等. 矿山地质环境问题及防治对策［J］. 地球科学与环境学报, 2005, 6(2)：1-4.

［5］何兴江. 地下采矿与地质环境互馈机理及矿山地质环境治理研究［D］. 成都：成都理工大学, 2008.

［6］矿山地质环境调查评价规范：DD 2014—05［S］. 2014.

［7］何原荣. 矿区环境高分辨率遥感监测及其信息资源开发利用的方法与应用研究［D］. 湖南：中南大学, 2011.

［8］中华人民共和国国土资源部. 2016 中国矿产资源报告［R］. 北京：地质出版社, 2016.

［9］储美华. 遥感影像的高光谱特征研究［D］. 青岛：山东科技大学, 2007.

［10］赵仕玲. 国外矿山环境保护制度及对中国的借鉴［J］. 中国矿业, 2007, 16(10)：35-38.

［11］中华人民共和国环境保护部. 先进的环境监测预警体系建设纲要(2010—2020 年)［R］. 北京：中华人民共和国环境保护部, 2009.

［12］刘顺喜, 尤淑撑, 张定祥. 土地资源管理对我国后续资源卫星数据空间分辨率的需求分析［J］. 国土资源遥感, 2003, 15(4)：6-8.

［13］Pruitt EVELYN - L. HOMER LEROY SHANTZ, 1876—1958［J］. Annals of the Association of American Geographers, 1961, 51(4)：392-394.

［14］Cloutis E A. Review Article Hyperspectral Geological Remote Sensing: Evaluation of Analytical Techniques［J］. International Journal of Remote Sensing, 1996, 17(12)：2215-2242.

［15］Vogelmann J E, Howard S M, Yang L. Completion of the 1990s National Land Cover Data Set for the conterminous United States from Landsat The matic Mapper data and ancillary data sources［J］. Photogramm. Eng. Remote Sens. 2001, 67(6)：650-655.

［16］Irons J R, Kennard R L. The utility of thematic mapper sensor characteristics for surface mine monitoring［J］. Photogramm. Eng. Remote Sens. 1984, 52(3), 389-396.

［17］Guebert M D, Gardner T W. Unsupervised spot classification and infiltration rates on surface mined watersheds, central pennsylvania［J］. Photogrammetric Engineering and Remote Sensing, 1989, 55(10)：1479-86.

［18］Mularz S C. Satellite and Airborne Remote Sensing Data for Monitoring of an Open - cast Mine［J］. International Archives of Photogrammetry and Remote Sensing, 1998(32)：395-402.

［19］Ferrier G. Application of Imaging Spectrometer Data in Identifying Environmental Pollution Caused By Mining at Rodaquilar, Spain［J］. Remote Sensing of Environment, 1999, 68(2)：125-137.

［20］Schmidt H, Glaesser C. Multitemporal analysis of satellite data and their use in the monitoring of the environmental impacts of open cast lignite mining areas in Eastern Germany［J］. International Journal of Remote Sensing, 1998, 19(12)：2245-2260.

［21］Roy P, Guha A, Kumar K V. An Approach of Surface Coal Fire Detection From Aster and Landsat - 8

Thermal Data: Jharia Coal Field, India[J]. International Journal of Applied Earth Observation & Geoinformation, 2015, 39(1): 120-127.

[22] Mishra R K, Bahuguna P P, Singh V K. Detection of Coal Mine Fire in Jharia Coal Field Using Landsat – 7 Etm + Data[J]. International Journal of Coal Geology, 2011, 86(1): 73-78.

[23] Zou X, Su W, Chen Y, et al. Estimation of Fractional Vegetation Cover in Opencast Coal Mine Dump Area Using Landsat Tm Data[J]. Sensor Letters, 2010, 8(1): 81-88.

[24] Mansor S B, Cracknell A P, Shilin B V, et al. Monitoring of underground coal fires using thermal infrared data[J]. International Journal of Remote Sensing, 1994, 15(8): 1675-1685.

[25] Prakash A, Gens R, Vekerdy Z. Monitoring coal fires using multi – temporal night – time thermal images in a coalfield in north – west China[J]. International Journal of Remote Sensing, 1999, 20(14): 2883-2888.

[26] Mars J C, Crowley J K. Mapping mine wastes and analyzing areas affected by selenium – rich water runoff in southeast Idaho using AVIRIS imagery and digital elevation data[J]. Remote Sensing of Environment, 2003, 84(3): 422-436.

[27] 王晓红, 聂洪峰, 杨清华, 等. 高分辨率卫星数据在矿山开发状况及环境监测中的应用效果比较[J]. 国土资源遥感, 2004, 16(1): 15-18.

[28] Pagot E, Pesaresi M, Buda D, et al. Development of an object – oriented classification model using very high resolution satellite imagery for monitoring diamond mining activity[J]. International Journal of Remote Sensing. 2008, 29(2): 499-512.

[29] Li X Z, Wang P, Zang Y B. Application of Spot 5 Data Fusion on Investigating the Ecological Environment of Mining Area[C] // Urban Remote Sensing Event: Ieee. 2009.

[30] Demirel N, Duzgun S, Emil M K. Landuse change detection in a surface coal mine area using multi – temporal high – resolution satellite images[J]. International Journal of Mining Reclamation and Environment, 2011, 25(4): 342-9.

[31] Harbi H, Madani A. Utilization of Spot 5 Data for Mapping Gold Mineralized Diorite – tonalite Intrusion, Bulghah Gold Mine Area, Saudi Arabia[J]. Arabian Journal of Geosciences, 2014, 7(9): 3829-3838.

[32] Mezned N, Mechrgui N, Abdeljaouad S. Enhanced Mapping and Monitoring of Mine Tailings Based on Landsat Etm + and Spot 5 Fusion in the North of Tunisia[C] // Geoscience and Remote Sensing Symposium, 2014.

[33] 管海晏. 遥感技术在煤田地质工作中的应用研究[J]. 地质学报, 1989(1): 36-49.

[34] 康高峰. 应用遥感技术调查研究煤层自燃灾害[J]. 国土资源遥感, 1992, 4(4): 34-40.

[35] 雷利卿, 岳燕珍, 孙九林, 等. 遥感技术在矿区环境污染监测中的应用研究[J]. 环境保护, 2002(2): 33-36.

[36] 陈华丽, 陈刚, 郭金柱. Landsat TM 在矿区生态环境动态监测中的应用[J]. 遥感信息, 2004(1): 31-34.

[37] 漆小英, 晏明星. 多时相遥感数据在矿山扩展动态监测中的应用[J]. 国土资源遥感, 2007, 19(3): 85-88.

[38] 董杰, 顾斌, 董妍. 遥感技术在"数字矿山"中的应用探讨[J]. 现代矿业, 2010, 26(8): 68-70.

[39] 刘琼, 聂洪峰, 吕杰堂, 等. GIS 在矿产资源开发状况遥感动态监测中的应用[J]. 国土资源遥感, 2005, 1(6): 1-65.

[40] 陈龙乾. 矿区土地演变监测与可持续利用研究[M]. 徐州: 中国矿业大学出版社, 2003.

[41] 陈龙乾, 郭达志, 胡召玲, 等. 徐州矿区土地利用变化遥感监测及塌陷地复垦利用研究[J]. 地理科

学进展, 2004, 23(2)：10-115.

[42] 陈龙乾,郭达志,胡召玲,等. 城市扩展空间分异的多时相 TM 遥感研究[J]. 煤炭学报, 2004, 29(3)：308-312.

[43] 陈龙乾,郭达志,胡召玲,等. 徐州市城区土地利用变化的卫星遥感动态监测[J]. 中国矿业大学学报, 2004, 33(5)：38-42.

[44] 杜培军. 工矿区陆面演变与空间信息技术应用的研究[J]. 测绘学报, 2003, 32(1)：94.

[45] 杜培军,陈云浩. 面向工矿区陆面演变分析的多源遥感信息融合[J]. 辽宁工程技术大学学报, 2005, 24(2)：172-174.

[46] 郭达志,杜培军,盛业华. 卫星遥感信息在矿区非均匀陆面演变研究中的应用[J]. 遥感信息, 1999(2):16-18.

[47] 杜培军,陈云浩,方涛,等. 工矿区陆面演变动态监测中的遥感信息处理[J]. 中国矿业大学学报, 2004(3):15-19.

[48] 王晓红,聂洪峰,杨清华,等. 高分辨率卫星数据在矿山开发状况及环境监测中的应用效果比较[J]. 国土资源遥感, 2004, 16(1)：15-18.

[49] 汪劲,李成尊. 利用高分辨率卫星数据对违法矿产开采开展动态监测——以山西晋城地区为例[C]//全国国土资源与环境遥感技术应用交流会论文文集,2004.

[50] 李成尊,聂洪峰,汪劲,等. 矿山地质灾害特征遥感研究[J]. 国土资源遥感, 2005, 1(1)：45-48.

[51] 卢中正. 遥感技术在煤炭资源开发监督管理中的应用研究[C]//陕晋冀煤炭学会地质测量专业学术研讨会论文集. 2006.

[52] 顾广明,王丽,蒋德林,等. 3S 技术在煤矿区开发现状及环境监测中的应用[J]. 煤田地质与勘探, 2006, 34(5)：51-55.

[53] 聂洪峰,杨金中,王晓红,等. 矿产资源开发遥感监测技术问题与对策研究[J]. 国土资源遥感, 2007,19(4):11-13.

[54] 尚红英,陈建平,李成尊,等. RS 在矿山动态监测中的应用——以新疆稀有金属矿集区为例[J]. 遥感技术与应用, 2008, 23(2)：189-194.

[55] 王燕波,罗伟,李名勇,等. 基于高分辨率遥感影像的矿山开发监测研究[J]. 热带地理, 2011, 31(4)：377-382.

[56] 周瑞. 面向对象分类方法在矿区地物信息提取中的应用研究[D]. 太原:中北大学, 2012.

[57] 尹展,张建国,李宏斌. 面向对象分类技术在高分辨率遥感影像信息提取中的应用研究[J]. 测绘与空间地理信息, 2013, 36(8)：61-63.

[58] 王志华,何国金,张兆明. 福建省罗源县石材矿开采区高分遥感十年变化监测[J]. 遥感信息, 2014(6)：41-46.

[59] 刘东丽,李赵,岳玉梅. World View3 高分影像在地理国情普查时点核准中的生产与应用[J]. 矿山测量, 2016(1):71-73.

[60] 况顺达,赵震海. SPOT5 在矿山监测中的应用[J]. 地质与勘探, 2005, 41(3)：79-82.

[61] 于世勇,陈植华,郭金柱. SPOT 卫星数据在矿山环境监测中的应用——以湖北大冶矿区为例[C]//第十五届全国遥感技术学术交流会论文摘要集. 北京, 2005.

[62] 李成尊,聂洪峰,汪劲,等. SPOT – 5 卫星图像在采煤沉陷区及边界圈定中的应用[C]//第二届全国国土资源遥感技术应用交流会. 长春,2006.

[63] 黎来福,王秀丽. SPOT – 5 卫星遥感数据在煤矿塌陷区监测中的应用[J]. 矿山测量, 2008(2):45-47.

[64] 张明华,张建国,吴虹. 基于 GIS 的唐山市及周边地区矿山环境遥感调查及动态监测[J]. 中国矿

业, 2008, 17(4): 59-62.

[65] 杨强, 张志. 湖北省保康磷矿区开采面及固体废弃物遥感信息提取方法研究[J]. 国土资源遥感, 2009(2):87-90.

[66] 吕庆元, 刘振南, 王凤华, 等. 山东省重点地段矿山环境地质遥感监测方法研究[J]. 山东国土资源, 2010, 26(7): 25-29.

[67] 赵延华. 遥感技术在河北省矿山环境监测中的应用[D]. 武汉: 中国地质大学(武汉), 2012.

[68] 张焜, 马世斌, 刘丽萍. 基于SPOT5数据的盐湖矿产开发及矿山环境遥感监测[J]. 国土资源遥感, 2012, 24(3): 146-153.

[69] 王俊芳, 曾新超. 高分辨率影像在矿山环境遥感监测中的应用研究[J]. 测绘, 2015(5):220-223.

[70] 白光宇, 田磊, 张德强. SPOT5卫星影像在矿山环境调查中的应用[J]. 城市地质, 2016, 11(3): 83-86.

[71] 路云阁, 刘采, 王姣. 基于国产卫星数据的矿山遥感监测一体化解决方案——以西藏自治区为例[J]. 国土资源遥感, 2014, 26(4): 85-90.

[72] 安志宏, 聂洪峰, 王昊, 等. ZY-102C星数据在矿山遥感监测中的应用研究与分析[J]. 国土资源遥感, 2015, 27(2): 174-182.

[73] 刘鹏飞, 帅爽, 陈安. 矿山遥感监测ZY-3影像与SPOT-5影像对比分析[J]. 现代矿业, 2015(8): 127-129.

[74] 汪洁, 荆青青, 姚维岭, 等. "资源一号"02C卫星高分影像在矿山开发监测中的应用研究[J]. 城市与减灾, 2016,111(6): 35-38.

[75] 熊前进, 柴小婷. 资源3号卫星影像在矿山监测应用中的数据处理方法[J]. 武钢技术, 2016, 54(5): 54-58.

[76] 贾利萍. 基于高分辨率影像的矿山开发遥感调查与监测应用研究[J]. 西部资源, 2016(3): 11-13.

[77] 魏江龙, 周颖智, 邵怀勇, 等. 基于高分一号数据的矿山遥感监测——以会理多金属矿区为例[J]. 有色金属: 矿山部分, 2016, 68(4): 86-91.

[78] 唐尧, 王立娟, 贾虎军, 等. 基于高分卫星影像的矿山重大危险源动态监测与危险性分析[J]. 国土资源情报, 2016(3):46-49.

[79] 薛庆, 吴蔚, 李名松, 等. 高分一号数据在矿山遥感监测中的应用[J]. 国土资源遥感, 2017, 29(b10): 67-72.

[80] 吴亚楠, 代晶晶, 周萍. 基于高空间分辨率遥感数据的稀土矿山监测研究[J]. 中国稀土学报, 2017,35(2): 262-271.

[81] 于博文, 田淑芳, 赵永超, 等. 高分一号卫星在京津矿山遥感监测中的应用[J]. 现代地质, 2017, 31(4):843-850.

[82] 马秀强, 彭令, 徐素宁, 等. 高分二号数据在湖北大冶矿山地质环境调查中的应用[J]. 国土资源遥感, 2017, 29(b10): 127-131.

[83] 马国胤, 谈树成, 赵志芳. 基于高分辨率遥感影像的矿山遥感监测解译标志研究[J]. 云南地理环境研究, 2017(5):59-68.

[84] 漆小英, 杨武年, 邵怀勇, 等. 矿山扩展遥感信息自动提取方法研究——以攀枝花钒钛磁铁矿为例[J]. 测绘科学, 2008,33(3):76-78.

[85] 杨惠晨. 矿区土地利用遥感监测及景观格局分析——以濂江流域为例[D].赣州: 江西理工大学, 2015.

[86] 陈兴杰. 基于GF-1号卫星影像的监督分类方法比较[J]. 矿山测量, 2017,45(3):17-19.

[87] 代晶晶,王登红,陈郑辉,等. IKONOS 遥感数据在离子吸附型稀土矿区环境污染调查中的应用研究——以赣南寻乌地区为例[J]. 地球学报, 2013(3):354-360.

[88] 胡德勇,邓磊,林文鹏,等. 遥感图像处理原理和方法[M]. 北京:测绘出版社, 2014.

[89] 李世平,武文波. 人工神经网络及其在遥感图像处理中的应用[J]. 矿山测量, 2007(3):28-30.

[90] 张正健,李爱农,雷光斌,等. 基于多尺度分割和决策树算法的山区遥感影像变化检测方法——以四川攀西地区为例[J]. 生态学报, 2014, 34(24): 7222-7232.

[91] 程璐. 面向对象结合支持向量机(SVM)在露天矿区信息提取中的应用研究[D]. 西宁:青海大学, 2017.

[92] Laine A, Fan J. Texture classification by wavelet packet signatures[J]. IEEE Transactions on Pattern Analysis and Machine Intelligence, 1993, 15(11): 1186-1191.

[93] Hung S-L, Cheng Andrew-Y-S, Lee Victor-C. Neural net classifier for satellite imageries[C] // SPIE, American: SPIE, 1992.

[94] Bandemer H, Gottwald S. Fuzzy Sets, Fuzzy Logic, Fuzzy Methods with Applications[M]. Wiley, 1995.

[95] Richards J A. Remote Sensing Digital Image Analysis[M]. Springer, 2006, 10(2): 343-380.

[96] Kruse F A, Lefkoff A B, Boardman J W, et al. The Spectral Image Processing System (sips) - interactive Visualization and Analysis of Imaging Spectrometer Data[J]. Remote Sensing of Environment, 1993, 44(2): 192-201.

[97] 胡文亮,赵萍,董张玉. 一种改进的遥感影像面向对象最优分割尺度计算模型[J]. 地理与地理信息科学, 2010, 26(6): 15-18.

[98] Baatz M, Schäpe A. An Optimization Approach for High Quality Multi-scale Image Segmentation[C] // Beiträge Zum Agit-symposium, 2000.

[99] Peeters A, Etzion Y. Automated recognition of urban objects for morphological urban analysis [J]. Computers, Environment and Urban Systems, 2012, 36(6): 573-582.

[100] Huang Xin, Weng Chunlei, Lu Qikai, et al. Automatic Labelling and Selection of Training Samples for High-Resolution Remote Sensing Image Classification over Urban Areas [J]. Molecular Diversity Preservation International (MDPI), 2015, 7(12): 16024-16044.

[101] Zhang C, Zhao Y, Zhang D, et al. Application and Evaluation of Object-oriented Technology in High-resolution Remote Sensing Image Classification[C] // International Conference on Control, Automation and Systems Engineering, 2011.

[102] Möller M, Lymburner L, Volk M. The Comparison Index: an Tool for Assessing the Accuracy of Image Segmentation[J]. International Journal of Applied Earth Observations & Geoinformation, 2007, 9(3): 311-321.

[103] Anders N S, Seijmonsbergen A C, Bouten W. Segmentation Optimization and Stratified Object-based Analysis for Semi-automated Geomorphological Mapping[J]. Remote Sensing of Environment, 2011, 115(12): 2976-2985.

[104] Woodcock C E, Strahler A H. The Factor of Scale in Remote Sensing [J]. Remote Sensing of Environment, 1987, 21(3): 311-332.

[105] Drăguţ L, Tiede D, Levick S R. Esp: an Tool to Estimate Scale Parameter for Multiresolution Image Segmentation of Remotely Sensed Data[J]. International Journal of Geographical Information Science, 2010, 24(6): 859-871.

[106] Atkinson P M, Kelly R E J. Scaling-up point snow depth data in the U. K. for comparison with SSM/I imagery[J]. International Journal of Remote Sensing, 1997, 18(2): 437-443.

[107] 黄慧萍. 面向对象影像分析中的尺度问题研究[D]. 北京:中国科学院研究生院(遥感应用研究所), 2003.

[108] 杜凤兰,田庆久,夏学齐,等. 面向对象的地物分类法分析与评价[J]. 遥感技术与应用, 2004, 19(1): 20-23.

[109] 曹宝,秦其明,马海建,等. 面向对象方法在 SPOT5 遥感图像分类中的应用——以北京市海淀区为例[J]. 地理与地理信息科学, 2006, 22(2): 46-49.

[110] 彭启民,贾云得. 一种形态学彩色图像多尺度分割算法[J]. 中国图象图形学报, 2006, 11(5): 635-639.

[111] 谭衢霖,刘正军,沈伟,等. 一种面向对象的遥感影像多尺度分割方法[J]. 北京交通大学学报, 2007, 31(4): 111-114.

[112] 黄昕,张良培,李平湘. 基于多尺度特征融合和支持向量机的高分辨率遥感影像分类[J]. 遥感学报, 2007, 11(1): 48-54.

[113] 张友静,樊恒通. 城市植被尺度鉴别与分类研究[J]. 地理与地理信息科学, 2007, 23(6): 54-57.

[114] 王岩. 面向对象图像处理方法在遥感震害提取中的应用研究[D]. 北京:中国地震局地震预测研究所, 2009.

[115] 张俊,汪云甲,李妍,等. 一种面向对象的高分辨率影像最优分割尺度选择算法[J]. 科技导报, 2009, 27(21): 91-94.

[116] 陈春雷,武刚. 面向对象的遥感影像最优分割尺度评价[J]. 遥感技术与应用, 2011, 26(1): 96-102.

[117] 何敏,张文君,王卫红. 面向对象的最优分割尺度计算模型[J]. 大地测量与地球动力学, 2009, 29(1): 106-109.

[118] 翟涌光. 多尺度分割技术对遥感影像分类精度影响的研究[D]. 呼和浩特:内蒙古农业大学, 2010.

[119] 于欢,张树清,孔博,等. 面向对象遥感影像分类的最优分割尺度选择研究[J]. 中国图象图形学报, 2010, 15(2): 352-360.

[120] 刘周周. 遥感影像分割最优参数选择研究[D]. 兰州:兰州大学, 2012.

[121] 林卉,刘培,夏俊士,等. 基于分水岭变换的遥感影像面向对象多尺度分割算法研究[J]. 测绘通报, 2011(10): 17-19.

[122] 郭怡帆,张锦,卫东. 面向对象的高分辨率遥感影像建筑物轮廓提取研究[J]. 测绘通报, 2014(S2): 300-303.

[123] 李慧,唐韵玮,刘庆杰,等. 一种改进的基于最小生成树的遥感影像多尺度分割方法[J]. 测绘学报, 2015, 44(7): 791-796.

[124] Tian T, Fan W Y, Lu W, et al. An object-based information extraction technology for dominant tree species group types[J]. Ying Yong Sheng Tai Xue Bao, 2015, 26(6): 1665-1672.

[125] 马燕妮,明冬萍,杨海平. 面向对象影像多尺度分割最大异质性参数估计[J]. 遥感学报, 2017, 21(4): 566-578.

[126] Pal M. Random Forest Classifier for Remote Sensing Classification[J]. International Journal of Remote Sensing, 2005, 26(1): 217-222.

[127] Stumpf A, Kerle N. Object-oriented Mapping of Landslides Using Random Forests[J]. Remote Sensing of Environment, 2011, 115(10): 2564-2577.

[128] Rodriguez-galiano V F, Chica-olmo M, Abarca-hernandez F, et al. Random Forest Classification of

Mediterranean Land Cover Using Multi-seasonal Imagery and Multi-seasonal Texture[J]. Remote Sensing of Environment, 2012, 121(138): 93-107.

[129] Rodriguez-galiano V F, Ghimire B, Rogan J, et al. An Assessment of the Effectiveness of a Random Forest Classifier for Land-cover Classification[J]. Isprs Journal of Photogrammetry & Remote Sensing, 2012, 67(1): 93-104.

[130] 刘海娟,张婷,侍昊,等. 基于RF模型的高分辨率遥感影像分类评价[J]. 南京林业大学学报(自然科学版), 2015, 39(1): 99-103.

[131] Tuia D, Pacifici F, Kanevski M, et al. Classification of Very High Spatial Resolution Imagery Using Mathematical Morphology and Support Vector Machines[J]. IEEE Transactions on Geoscience & Remote Sensing, 2009, 47(11): 3866-3879.

[132] Habibi M, Sahebi M R, Maghsoudi Y, et al. Classification of Polarimetric SAR Data Based on Object-Based Multiple Classifiers for Urban Land-Cover[J]. Journal of the Indian Society of Remote Sensing, 2016, 44(6): 855-863.

[133] Hinton G E, Osindero S, Teh Y W. A fast learning algorithm for deep belief nets[J]. Neural Computation, 2006, 18(7): 1527-1554.

[134] LecunY, Bottou L, Bengio Y, et al. Gradient-based learning applied to document recognition[J]. Proceedings of the Ieee, 1998, 86(11): 2278-2324.

[135] Lecun Y, Bengio Y, Hinton G. Deep Learning[J]. Nature, 2015, 521(7553): 436.

[136] Abadi M, Agarwal A, Barham P, et al. Tensorflow: Large-scale Machine Learning on Heterogeneous Distributed Systems[J]. arXiv preprint arXiv:1603.04467, 2016.

[137] Vedaldi A, Lenc K. Matconvnet: Convolutional Neural Networks for Matlab[R]. 2014.

[138] Mnih V, Kavukcuoglu K, Silver D, et al. Human-level Control Through Deep Reinforcement Learning [J]. Nature, 2015, 518(7540): 529.

[139] Abadi M, Barham P, Chen J, et al. Tensorflow: a System for Large-scale Machine Learning[C]//12th {USENIX} symposium on operating systems design and implementation ({OSDI} 16),2016: 265-283.

[140] GHAMISI P, CHEN Y S, ZHU X X. A Self-Improving Convolution Neural Network for the Classification of Hyperspectral Data[J]. Ieee Geoscience And Remote Sensing Letters, 2016, 13(10): 1537-1541.

[141] ZHANG C, SARGENT I, PAN X, et al. An object-based convolutional neural network (OCNN) for urban land use classification[J]. Remote Sensing Of Environment, 2018, 216:57-70.

[142] 徐刚,岳继光,董延超,等. 深度卷积网络卫星图像水泥厂目标检测[J]. 中国图象图形学报, 2019, 24(4): 550-561.

[143] 蔡博文,王树根,王磊,等. 基于深度学习模型的城市高分辨率遥感影像不透水面提取[J]. 地球信息科学学报, 2019, 21(9): 1420-1429.

[144] Witharana C, Civco D L. Optimizing Multi-resolution Segmentation Scale Using Empirical Methods: Exploring the Sensitivity of the Supervised Discrepancy Measure Euclidean Distance 2 (ed2)[J]. Isprs Journal of Photogrammetry & Remote Sensing, 2014, 87(1): 108-121.

[145] Drăguţ Lucian, Tiede Dirk, Levick Shaun-R. ESP: a tool to estimate scale parameter for multiresolution image segmentation of remotely sensed data[J]. International Journal of Geographical Information Science, 2010, 24(6): 859-871.

[146] 齐义娜. 面向对象的高分辨率遥感影像信息提取与尺度效应分析[D]. 长春:东北师范大学, 2009.

[147] Chen T, Trinder J C, Niu R Q. Object-Oriented Landslide Mapping Using ZY-3 Satellite Imagery,

Random Forest and Mathematical Morphology, for the Three-Gorges Reservoir, China[J]. Remote Sensing, 2017,9(4):333.

[148] 李哲,张沁雨,彭道黎.基于高分二号遥感影像的树种分类方法[J].遥感技术与应用,2019,34(5):970-982.

[149] 马长辉,黄登山.纹理与几何特征信息在高空间分辨率遥感影像分类中的应用[J].测绘地理信息,2019,44(06):66-70,92.

[150] Rodriguez J J, Kuncheva L I, Alonso C J. Rotation Forest: a New Classifier Ensemble Method[J]. Ieee Transactions on Pattern Analysis & Machine Intelligence, 2006, 28(10): 30-1619.